Natalia Fedorova
Vladimir Levit

Nevoeiro na região tropical

Natalia Fedorova
Vladimir Levit

Nevoeiro na região tropical

Formação de nevoeiro na região tropical do nordeste do Brasil

ScienciaScripts

Imprint

Cover image: www.ingimage.com

This book is a translation from the original published under ISBN 978-3-659-87098-9.

Publisher:
Sciencia Scripts
is a trademark of
Dodo Books Indian Ocean Ltd. and OmniScriptum S.R.L publishing group

120 High Road, East Finchley, London, N2 9ED, United Kingdom
Str. Armeneasca 28/1, office 1, Chisinau MD-2012, Republic of Moldova, Europe
Managing Directors: Ieva Konstantinova, Victoria Ursu
info@omniscriptum.com

Printed at: see last page
ISBN: 978-620-8-51332-0

ÍNDICE DE CONTEÚDOS:

CAPÍTULO 1

1. Introdução

O nevoeiro é um fenómeno meteorológico muito perigoso, que cria muitos problemas aos transportes aéreos, rodoviários, marítimos e fluviais. A formação do nevoeiro depende das condições locais e também dos processos à escala sinóptica. Por conseguinte, os métodos de previsão do nevoeiro são diferentes consoante as regiões.

Todas as definições de nevoeiro (F), nevoeiro ligeiro (LF) e neblina (H), que serão utilizadas mais tarde, foram determinadas de acordo com a classificação meteorológica internacional (FCM-H2, 1988; Djuric, 1994). O nevoeiro é definido como gotículas de água suspensas no ar à superfície da Terra que reduzem a visibilidade para menos de 1 km. O F og ligeiro (Djuric, 1994) ou nevoeiro (FCM-H2, 1988) é definido como gotículas de água em que a restrição de visibilidade é de 1 km ou mais, mas inferior a 10 km. Haze é a poeira fina ou partículas de sal no ar que reduzem a visibilidade. As informações sobre a ocorrência de F, LF e H podem ser obtidas na estação meteorológica terrestre, de acordo com as normas da codificação dos boletins meteorológicos sinópticos.

Os processos de formação de nevoeiro são estudados há mais de um século. Uma descrição do processo físico de formação de nevoeiro e neblina foi publicada por Willett já em 1928. Os principais processos físicos de formação de baixa visibilidade foram utilizados como nomes para os tipos de nevoeiro, tais como radiação, advecção e frontal. A classificação de Petersen (1940, 1956) mostra os processos básicos de formação de um nevoeiro: evaporação, arrefecimento e mistura. A localização típica do nevoeiro nos ciclones baroclínicos extratropicais e as suas ligações com as zonas frontais foram descritas em muitos trabalhos, por exemplo, Fedorova (1999, 2008).

O desenvolvimento do estudo da formação de nevoeiro permite criar vários *modelos* de previsão de nevoeiro. Um método de previsão a curto prazo (até 6 horas apenas) da visibilidade e das nuvens baixas no Aeroporto Internacional Charles de Gaulle em Paris foi desenvolvido por Bergot et al. (2005). As observações meteorológicas locais e um modelo numérico de identificação foram integrados neste método. Um esquema de assimilação segue três etapas: (1) uma estimativa dos perfis atmosféricos num quadro 1DVAR, (2) uma correção dos perfis atmosféricos quando se observam nevoeiro e/ou nuvens baixas, e (3) uma estimativa dos perfis do solo a fim de manter a coerência entre os perfis do solo e o estado atmosférico. A melhoria das previsões de muito curto prazo é uma consequência da capacidade do sistema de previsão para fazer uma caraterização mais precisa dos processos da camada limite, especialmente durante a noite. Este estudo também demonstrou que a utilização de um modelo de ID numa previsão de nevoeiro e nuvens baixas só pode ser benéfica se estiver associada às medições locais e ao esquema de assimilação. Além disso, este estudo também mostrou que uma abordagem integrada entre o modelo e as observações locais é de importância crucial para o desenvolvimento de competências de previsão.

Um esquema de parametrização da visibilidade de nevoeiro quente para modelos numéricos de previsão meteorológica foi sugerido em Gultepe et al. (2006). Neste trabalho, foram utilizadas informações experimentais sobre nuvens de baixo nível da camada limite para desenvolver um esquema de parametrização entre a visibilidade e um parâmetro combinado em função da concentração do número de gotículas e do teor de água líquida. Um esquema de parametrização recentemente desenvolvido para a visibilidade foi aplicado ao modelo de mesoescala não-hidrostático da NOAA. Um esquema microfísico pormenorizado, adaptado do modelo ID PAFOG e utilizado no modelo de nevoeiro 3D NMM, melhorou significativamente os cálculos de visibilidade com a nova parametrização (Gultepe et al., 2006).

As previsões de baixa visibilidade e nevoeiro são ainda fracas em comparação com as previsões de precipitação efectuadas pelos mesmos modelos (Zhou et al., 2011). Os modelos utilizados nesta investigação foram: 12 km NAM, 13-km-RUC e 32 km-WRF-NMM do National Center for Environmental Prediction (NCEP). A utilização do esquema de deteção de nevoeiro baseado em regras múltiplas melhora significativamente a capacidade de previsão de nevoeiro dos três modelos em relação à previsão de nevoeiro diagnosticada pela visibilidade. A combinação da deteção de nevoeiro baseada em regras e de uma técnica de conjunto pode ser sugerida (Zhou e Du, 2010).

Os autores do livro (Fu et al., 2012) utilizaram um quadro físico do modelo de alta resolução Regional Atmospheric Modeling System (RAMS) para a previsão de nevoeiro e aplicaram-no à previsão de eventos de nevoeiro marítimo denso.

Uma descrição do Projeto de Modelação e Deteção Remota de Nevoeiro (FRAM) foi feita em Gultepe et al. (2009). Os objectivos científicos do projeto FRAM são resumir os resultados preliminares e também caraterizar todos os processos desde a formação até à dissipação do nevoeiro, parametrizar a microfísica do nevoeiro para aplicações de modelos de previsão meteorológica numérica, melhorar as simulações de modelos numéricos e aplicações de deteção remota, melhorar e compreender as capacidades dos instrumentos para a deteção de nevoeiro e ambientes de nevoeiro e medições de parâmetros microfísicos associados, e integrar dados observacionais e de modelos para melhorar as incertezas na previsão/previsão de nevoeiro.

Um modelo de previsão PAFOG (PArameterised FOG) foi desenvolvido por Bott e Trautmann (2002) para nevoeiro de radiação e nuvens estratiformes de baixo nível na Alemanha. O modelo regional de alta resolução MM5 e os modelos PAFOG foram utilizados para a análise e previsão de um evento de nevoeiro intenso (Fedorova et al., 2013). A formação de nevoeiro foi simulada pelo modelo PAFOG e foram obtidos resultados satisfatórios com 10 horas de antecedência. Os autores do modelo PAFOG forneceram-no para uso na previsão de nevoeiro em Maceió, que está localizada em uma região tropical. As condições gerais na Europa e na região tropical de Maceió são diferentes. No entanto, a ausência de zonas frontais durante o nevoeiro de radiação na Europa e a ausência de zonas frontais em todos os eventos em Maceió, bem como a localização de todos os eventos de nevoeiro dentro da massa de ar, mostram alguma semelhança em suas condições.

Muitos estudos sobre nevoeiro na América do Sul foram elaborados para o Chile porque é uma região típica de formação intensiva de nevoeiro (Cereceda et al, 2002). A utilização da recolha de nevoeiro como fonte de água é uma aplicação muito importante para estes estudos. Além disso, a pesquisa sobre climatologia de nevoeiro apresentada por Gultepe et al. (2007)

mostra uma promoção significativa em diferentes regiões do mundo; por exemplo, em Halifax, Nova Escócia. No entanto, há uma omissão de evidências para o estudo do nevoeiro nas regiões tropicais. O estudo da formação e previsão de nevoeiro no Brasil é relativamente novo.

Frequência de nevoeiro no Brasil

De acordo com a análise climatológica em Porto Alegre (litoral sul do Brasil), o nevoeiro foi detectado em 57 dias do ano (Ratisbona, 1976) (Figura 1.1). A análise climatológica da formação de nevoeiros no estado de São Paulo (sudeste do Brasil) demonstrou que houve um crescimento significativo na ocorrência de nevoeiros nas últimas duas décadas (Araujo et al., 2001). A razão mais provável, na opinião do autor, é a instabilidade da temperatura da superfície do oceano. Por conseguinte, é provável que no futuro se registe um aumento da frequência dos nevoeiros nestas regiões costeiras.

Figura 1.1 - Brasil, região do nordeste brasileiro (vermelho) e cidades citadas neste livro

As frequências de nevoeiro em Porto Alegre (região costeira do sul do Brasil) foram mais elevadas durante o período frio de março a agosto (Piva, Fedorova, 1999). A duração do nevoeiro nesta região foi em média de 12 horas. O nevoeiro de radiação é típico da região. Além disso, o nevoeiro foi observado frequentemente durante todo o ano (exceto em dezembro) em Pelotas (sul do Brasil) (Fedorova et. al, 2008).

Processos sinóticos associados à neblina no Brasil

Uma associação de eventos de nevoeiro de radiação em Porto Alegre (sul do Brasil) com a Alta foi descrita por Lima (1982). Este trabalho mostra que o centro da Alta estava situado a sudeste, leste e nordeste da região do nevoeiro.

A relação entre o nevoeiro de radiação e a Alta também foi discutida por Piva & Fedorova (1999). Uma Alta de intensidade moderada (com uma pressão máxima no centro entre 1020 e 1030 hPa) foi típica para dias com nevoeiro de radiação. Além disso, durante os dias de nevoeiro, foram observadas máximas com uma pressão constante ou crescente. O nevoeiro de radiação não foi observado em máximas com pressão decrescente.

Os processos sinóticos de formação de nevoeiro no sul do Brasil foram descritos por (Fedorova at al., 2008). As duas condições sinóticas seguintes foram observadas com mais frequência: 1) uma Alta com movimento de sudoeste para leste/nordeste da América do Sul e ao mesmo tempo a presença de uma Baixa barotrópica no norte da Argentina, e 2) uma Baixa baroclínica com passagem de zona frontal pelo sudeste da América do Sul. A formação de nevoeiro foi predominantemente detectada na periferia leste e sudeste da Baixa (em 34 e 32% das Baixas, respetivamente) e na parte oeste da Alta (em 72% dos eventos de Alta). Nem todas as Altas estiveram associadas à formação de nevoeiro, predominando as moderadas (em 82% dos casos) com pressão intensificada, ou constante, no centro. Um resultado semelhante em relação à modificação da pressão numa Alta foi descrito em Piva & Fedorova (1999). Foram observados dois ou três dias consecutivos de nevoeiro durante a passagem da Alta pela região de estudo. Além disso, a relação entre nevoeiro e uma zona frontal foi discutida em Fedorova at al., (2008). Mais raramente, o nevoeiro foi associado a uma passagem frontal (em 25% de todos os eventos de nevoeiro) e predominantemente a uma frente fria (96% de todos os eventos frontais). Nestes casos, formou-se antes e depois da frente com a mesma probabilidade.

Estrutura vertical da atmosfera em eventos de nevoeiro e stratus no Brasil

Dois tipos de perfis verticais de temperatura e umidade são típicos para eventos de nevoeiro no sul do Brasil. Eles se distinguem por: 1) a existência de uma inversão de temperatura, e também a intensidade da inversão, 2) a espessura de uma camada úmida nos baixos níveis e o valor da umidade nesta camada e o mesmo em uma camada seca no restante da atmosfera, e 3) a velocidade do vento na superfície terrestre (Fedorova at al., 2008). O tipo I inclui casos sem inversão e o tipo II inclui casos com inversão. Uma subclassificação do Tipo I baseia-se na altura dos níveis de humidade elevados: 950 hPa (Tipo la) e 670 hPa (Tipo lb). O subtipo Ila inclui casos de inversão mais intensa (a diferença de temperatura entre a superfície e o nível de inversão mais elevado (AT) é de 8 °C). Estes casos caracterizam-se pela baixa altitude de inversão (960 hPa, em média) e pela elevada humidade (T-Tj próxima de 2 °C). Os casos de inversão fraca (AT de 5 °C) apresentam altura e humidade diferentes. O subtipo lib inclui casos de humidade mais elevada (T ~ T^) e baixa altitude de inversão (até 1000 hPa). O subtipo lie reúne os casos de altura de inversão até 900 hPa, que foram associados a ar mais seco (T-Tj-3 °C).

Os perfis verticais de temperatura e humidade para dias de nuvens stratus são diferentes dos perfis verticais para eventos de nevoeiro (Fedorova at al., 2008) e foram determinados três tipos de perfis verticais. Esta classificação foi elaborada através de valores médios de acordo com as distribuições dos níveis de humidade e da instabilidade do ar nos níveis baixos. O tipo I inclui os casos de humidade elevada nos níveis baixos (diferença de temperatura e ponto de orvalho (T - T^) inferior ou igual a 3 °C) e estabilidade condicional também nos níveis baixos (entre 900 e 700 hPa). O tipo II inclui casos de ar estável (níveis isotérmicos) em níveis baixos perto da superfície. Todos os casos dos tipos I e II são caracterizados pela ausência de CAPE positivo ou por CAPE positivo baixo em níveis baixos. Todos os casos de CAPE positivo (com uma média de 311 J/kg) em toda a troposfera, ou apenas em níveis médios/altos, foram agrupados no Tipo III. É importante notar que os casos do Tipo III foram sempre associados a zonas frontais e só foram observados quando nuvens altostratus e/ou cirros matinais foram substituídos mais tarde por nuvens stratus.

Todos os estudos de formação e previsão de nevoeiro descritos acima foram elaborados para as regiões extratropicais. Há uma falta de estudos de formação de nevoeiro para as regiões tropicais em todos os trabalhos estudados. Alguns trabalhos sobre formação de baixa visibilidade nas regiões tropicais serão citados abaixo em 3.1.1, 3.2.1, 3.3 e 4.1.

Em um dos poucos estudos sobre a formação de nevoeiro na região tropical, foi descrito um acidente de avião devido ao nevoeiro (Fedorova et. al, 2013). O nevoeiro no aeroporto de Maceió, no Nordeste do Brasil (NEB), é um fenómeno raro e foi registado apenas um ou dois dias por ano, em junho e julho, com uma duração de 1 ou 2 horas entre as 05 e as 06 horas locais (Fedorova et. al, 2008). As nuvens stratus eram mais frequentes (3-8 dias por mês) e estavam associadas à estação das chuvas (abril-agosto). Portanto, o nevoeiro que se formou durante a manhã de 26 de julho de 2007 em Maceió é um fenómeno raro.

Além disso, esse evento causou a queda fatal (com morte do piloto) de um avião de pequeno porte (bimotor SENECA II, PT REX) próximo ao aeroporto de Maceió. A colisão do avião com uma torre de transmissão de energia elétrica próxima à pista do aeroporto ocorreu devido à baixa visibilidade. Devido a este incidente, a energia eléctrica foi interrompida nas regiões de Maceió, Messias e Rio Largo durante uma hora. O aeroporto ficou fechado para pousos e decolagens por oito horas. Este avião transportava cheques bancários, que pereceram durante a explosão.

A conclusão oficial da Aeronáutica foi de que a condição meteorológica de intensa formação de nevoeiro foi a causa do acidente aéreo. Concluiu-se que o *nevoeiro* foi formado *por um* "choque térmico entre o ar frio após uma frente fria e o ar quente da região de Rio Largo" ("^ *condicdes meteoroldgicas que fecharam o aerodromo foram causadas por um nevoeiro proveniente de um cheque termico entre as mass as de ar frio, remascentes de uma /rente fria vinda da Regiao Sul, com o ar quente estacionado sobre o Rio Largo, localizado a 5 km da cabeceira da pista em uso naquele dia",* Relatorio Final A -N°42/CENIPA/2009).

Resumindo, podemos dizer que os nevoeiros são raros na região tropical e pouco estudados até agora, mas também são fenómenos perigosos, podendo mesmo causar um acidente fatal. Portanto, o objetivo deste livro é resumir todos os resultados conhecidos e fornecer uma nova descrição do processo de formação de baixa visibilidade nas regiões tropicais.

CAPÍTULO 2

2. Frequências de baixa visibilidade na região tropical

2.1 Síntese de estudos anteriores sobre eventos de baixa visibilidade

De acordo com dados climatológicos (Ratisbona, 1976), nevoeiros foram detectados no NEB nas regiões costeiras de Recife e Salvador em 13 e 37 dias por ano, respetivamente. Ao mesmo tempo, durante o primeiro estudo de formação de nevoeiro em Maceió (Silveira, 2003), foram encontrados apenas dois eventos de nevoeiro (moderado e fraco) durante 1996 (ambos no inverno, junho e julho).

A maior ocorrência de nuvens stratus foi observada em Maceió durante o período frio e chuvoso de abril a agosto (Fedorova et. al, 2008). A maior frequência de nuvens stratus atingiu 8 e 7 dias por mês no início e no final do período frio. É importante notar que a união das nuvens stratus com nuvens altostratus e cumulus foi observada em todos os dias.

Um estudo sobre cinco anos (2002-2005 e 2007) de formação de baixa visibilidade usando dados meteorológicos de superfície no Aeroporto Internacional de Maceió mostra os seguintes resultados: a neblina foi observada cerca de 81 h por ano com um mínimo de 37 h em 2003 e um máximo de 120 h em 2007 (Fedorova et. al, 2008).

As frequências de nevoeiro ligeiro (cerca de 1098 h por ano) foram mais elevadas do que as de neblina. A frequência mínima de nevoeiro ligeiro (514 h) ocorreu em 2003 e a máxima (2310 h) em 2007 (Fedorova et. al, 2013). Observou-se um aumento significativo da frequência de neblina e nevoeiro ligeiro em 2007, com um valor particularmente elevado de frequência de nevoeiro ligeiro (442 h) em agosto. Os fenómenos de baixa visibilidade foram observados com maior frequência durante a estação das chuvas.

A análise de um estado do tempo em que a visibilidade era inferior a 2 km em 2004 mostra que o nevoeiro ligeiro foi normalmente detectado juntamente com chuva ou chuvisco (Fedorova et. al, 2013). O nevoeiro ligeiro, com uma visibilidade de 1-2 km, foi observado com maior frequência em junho (33 horas por mês). A baixa visibilidade de 2-4 km com a maior frequência (236 horas por estação) foi detectada na estação das chuvas.

2.2 Frequências de baixa visibilidade ao longo de 13 anos em Maceió

O nevoeiro foi observado 29 vezes em 13 anos de estudo (Quadro 2.1). Este resultado mostra que o nevoeiro foi um fenómeno muito raro, com uma média de dois eventos por ano. A frequência mais elevada foi detectada em 2008 e 2009 (6 e 5 eventos, respetivamente). Os eventos de nevoeiro ocorreram predominantemente em junho e julho (12 e 9 eventos durante o período de estudo). Foram observados quatro eventos de nevoeiro em maio e apenas um evento em março, abril, agosto e setembro em todos os anos de estudo. Isto significa que todos os eventos de nevoeiro ocorreram durante 6 meses, de março a agosto, com uma frequência máxima em junho e julho. É mais frequente detetar nevoeiro durante a estação das chuvas (abril - agosto).

A formação de nevoeiro foi mais frequente (58,6 % dos casos) entre as 4 e as 7 horas da manhã, o que corresponde à hora do nascer do sol, ou próximo dela. Apenas quatro eventos ocorreram após as 8 horas. Oito eventos (27%) foram registados durante a noite, entre as 0 e as 4 horas. Mais frequentemente, a duração do nevoeiro foi inferior a uma hora (48% de todos os eventos) ou entre uma e duas horas (31%). Isto significa que 79% de todos os eventos de nevoeiro foram curtos e não excederam as duas horas. Apenas seis eventos duraram mais de duas horas, com a duração máxima de 4 h 6 min.

Todos os eventos de nevoeiro foram fracos ou moderados e apenas um evento foi intenso. Os fenómenos fracos com uma visibilidade mínima entre 650 e 900 m foram mais frequentes (62% dos fenómenos). Sete eventos de nevoeiro moderado tiveram uma visibilidade de 400 - 500 m, e 4 eventos de 200 - 300 m.

Tabela 2.1 - Informações resumidas sobre a ocorrência de nevoeiro no Aeroporto Internacional de Maceió durante todos os anos de estudo: 1996, 2002-2005 e 2007-2014.

Year	Month	Day	Beginning (h:min)	Duration (h:min)	Minimum visibility (m)	Intensity
1996	6	16	5:10	1:55	200	moderate
1996	7	22	4:25	1:35	800	weak
2002	4	12	6:19	0:41	700	weak
2002	7	11	5:30	0:30	800	weak
2002	7	12	6:00	1:00	900	weak
2003	6	01	1:00	1:00	500	moderate
2004	6	02	4:19	0:41	650	weak
2005	5	21	0:42	0:18	300	moderate
2005	7	14	1:18	2:57	200	moderate
2007	7	26	4:19	3:18	200	moderate
2008	5	06	8:32	0:28	800	weak
2008	6	05	5:32	0:38	900	weak
2008	6	11	8:20	0:25	800	weak
2008	6	23	1:30	4:06	500	moderate
2008	8	03	5:00	1:00	900	weak
2008	9	10	6:00	0:44	400	moderate
2009	5	12	6:00	1:00	800	weak
2009	6	08	3:11	0:11	900	weak
2009	6	17	2:06	0:54	800	weak
2009	6	24	6:00	1:00	400	moderate
2009	7	16	6:00	1:44	900	weak
2010	5	05	7:00	2:29	800	weak
2010	6	11	4:20	3:40	190/400*	intensive/ *moderate
2011	6	17	9:09	0:31	800	weak
2011	7	07	4:25	0:35	900	weak
2011	7	08	4:00	1:16	900	weak
2012	3	07	8:28	2:32	500	moderate
2014	6	27	1:25	0:35	700	weak
2014	7	19	0:30	0:30	500	moderate
Σ 29	Month 6: 12 events		4-7 h: 17 events	< 1h 14 events		Weak: 18 events

	Month 7: 9 events		0-4 h: 8 events	1-2h 9 events		Moderate: 11 events
	Month 5: 4 events		8-9 h: 4 events	> 2 h 6 events		
	Months 3, 4, 8, 9: 1 event					

Fontes: Silveira (2003), Fedorova et al. (2008), Silva (2012), Fedorova et al. (2013), MET AR; * SPECI.

CAPÍTULO 3

3. Eventos de baixa visibilidade na região tropical

3.1 Processos sinópticos em eventos de baixa visibilidade (nevoeiro de radiação, nevoeiro ligeiro, neblina, stratus)

3.1.1 Estudos anteriores de processos sinópticos em eventos de baixa visibilidade

A Zona de Convergência Intertropical (ZCIT), o Vórtice Ciclónico Troposférico Superior (VCAT), a periferia oeste das Zonas Frontais (ZF) e as Ondas de Páscoa (OE) são os *sistemas de escala sinóptica na região tropical* da América do Sul (Satyamurty et al. 1998). Estes sistemas estão associados à maioria dos fenómenos pluviais e adversos. A identificação desses sistemas é baseada na análise de mapas de linhas de corrente nos níveis baixo, médio e alto (Vasquez, 2000; Kousky 1979, 1981; Fedorova, 2008).

Muitas vezes, *as calhas* definem um tempo chuvoso no NEB e essas calhas são formadas na periferia sul da ZCIT ou no vento alísio (Rodrigues et al., 2010). As calhas no vento alísio são formadas na periferia noroeste da Alta Subtropical do Atlântico Sul. Estas depressões foram designadas *por Wave Disturbances in Trade Winds (WDTW)* (Molhon, Bernardo, 2002). Infelizmente, pouca informação sobre WDTW no NEB foi publicada. O método de identificação de WDTW, descrito por Molhon, Bernardo (2002), inclui a definição de calhas em mapas de linhas de corrente nos níveis baixos e a ausência de calhas nos níveis médios e altos. De acordo com Rodrigues et al. (2010), 87% das calhas perto da superfície estão associadas a WDTW.

Normalmente, os ventos alísios estão associados a nuvens cumulus nos níveis baixos, são observados no NEB durante todo o ano e sopram de sudeste para nordeste. As depressões dos ventos alísios ou WDTW estão associadas a diferentes tipos de fenómenos adversos (Rodrigues et al., 2010). Estas depressões foram associadas a fenómenos meteorológicos numa atmosfera estável (nevoeiro, neblina) e instável (trovoadas e chuva intensa). Este resultado torna difícil a previsão de todos os fenómenos adversos.

A análise dos sistemas de escala sinóptica mostra que as WDTWs foram associadas a eventos de ***neblina*** (Levit et al., 2010, Fedorova et al. 2013), ***stratus*** (Gomes et al. 2011) e ***nevoeiro*** (Silveira, 2003, Fedorova et al. 2008, 2013, 2015).

A ITCZ e a FZ foram observadas longe do NEB durante os eventos de ***nevoeiro*** (Fedorova et al. 2008, 2013, 2015; Gomes et al. 2011). Além disso, o UTCV, que é um sistema típico desta região, nunca foi identificado durante os eventos de nevoeiro ao longo dos anos de estudo.

Foram observadas nuvens ***Stratus*** na periferia da frente fria, na onda de leste e sob o Vórtice Ciclónico da Troposfera Superior (Fedorova et al. 2008).

A influência do vórtice ciclónico, localizado apenas nos níveis médios (MTCV - Middle Tropospheric Cyclonic Vortex), foi detectada para um evento ***de nebulosidade*** (Levit et al., 2010). A ocorrência do MTCV foi confirmada pela existência do centro ciclónico nos níveis médios e pela ausência do centro nos níveis baixos e altos. A nebulosidade do MTCV foi identificada por imagens de satélite: foi detectada até aos níveis altos perto do centro do MTCV e apenas nos níveis baixos na periferia ciclónica sobre o NEB.

A análise de eventos de escala sinóptica no NEB mostrou a ausência de sistemas principais, tais como uma Zona de Convergência Intertropical e zonas frontais de ciclones baroclínicos extrotropicais para a ***nebulosidade associada à chuva*** (HR) e ***sem chuva*** (H) (Levit et al., 2010). A WDTW acompanhou a formação de ***neblina*** em todos os eventos H e HR e foi identificada pelos dados de reanálise do NCEP e pelo modelo ETA de alta resolução. O WDTW foi mais intenso para os eventos HR. No entanto, o centro da Alta estava localizado mais próximo do continente sul-americano para os eventos H do que para os eventos HR.

A formação de ***nevoeiro ligeiro*** foi associada à WDTW, localizada na periferia noroeste da Alta subtropical do Atlântico Sul (Fedorova et al. 2008, 2013). A advecção de humidade e o fraco movimento ascendente nos níveis baixos foram criados por estas ondas. O movimento descendente dos níveis médios provocou a acumulação de humidade nos níveis inferiores. A ausência de uma inversão térmica na camada superficial foi detectada para os eventos de nevoeiro ligeiro.

Resumindo os resultados acima, é possível fazer a seguinte conclusão sobre as condições sinópticas da formação de uma baixa visibilidade na região tropical do NEB: WDTWs são os principais sistemas de escala sinóptica associados à formação de *nevoeiro, nevoeiro leve, stratus* e *neblina* (com ou sem chuva). Outros sistemas sinópticos, tais como EW, UTCW e a periferia de uma frente fria são típicos para a formação de nuvens *stratus*. Além disso, foi documentado um MTCV num evento de *neblina.*

3.1.2 Processos sinópticos de formação de nevoeiro na região tropical em 2008-2014

No início desta secção, discutiremos separadamente os sistemas sinópticos em diferentes níveis (Quadro 3.1). No final, os sistemas sinópticos de vários níveis serão estudados em conjunto.

Níveis baixos

Nos níveis baixos, as Perturbações de Ondas em Ventos Alísios (WDTW) foram predominantes durante os eventos de nevoeiro no aeroporto de Maceió e foram observadas em 12 eventos (63%). Ventos alísios sem qualquer curvatura (quase retos) foram detectados em outros eventos.

Níveis médios

Nos níveis médios, uma Alta e uma Crista (circulação anticiclónica) foram típicas e foram observadas em 14 eventos (73%). Foram registadas linhas de corrente quase rectas em três eventos. Uma Baixa e uma Calha foram raramente observadas, apenas num evento cada.

Níveis elevados

Nos níveis elevados, a circulação anticiclónica (Alta e Crista) foi detectada com mais frequência (9 eventos, 47%). Foram observadas correntes de jato quase rectas em quatro eventos. O número de calhas em eventos de nevoeiro aumenta nos níveis altos em comparação com os níveis médios, chegando a seis.

Um exemplo de circulação típica em níveis de padrões no dia 07/07/2011 pode ser visto na Figura 3.1. Um evento de nevoeiro fraco com visibilidade mínima de 900 m foi registrado no Aeroporto de Maceió. Este evento esteve associado a WDTW no nível de 1000 hPa (Figura 3.1c). Uma Alta foi observada nos níveis de 500 e 200 hPa (Figura 3.1a e b). Nuvens puderam ser vistas nos níveis baixos nas imagens de satélite dentro do WDTW (Figura 3.Id).

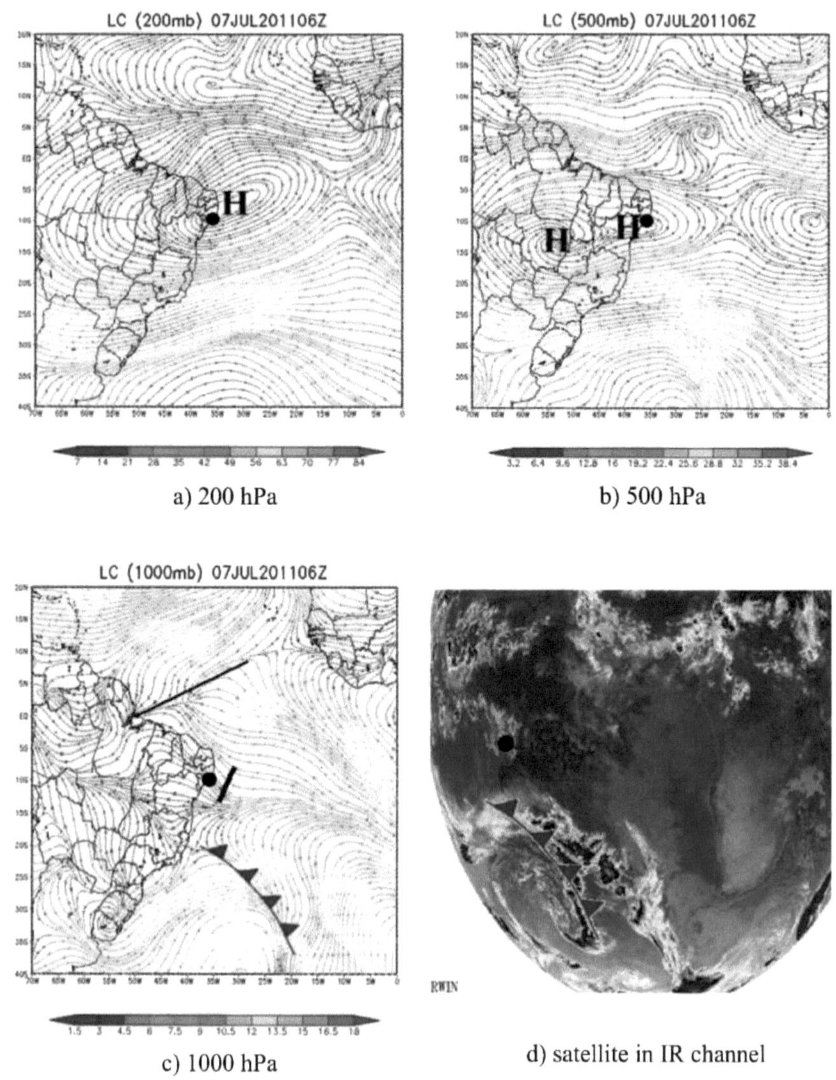

Figura 3.1 - Linhas de corrente por dados de Reanálise 2 em 200 (a), 500 (b), 1000 hPa (c) e imagem de satélite no canal infravermelho (d) em 06UTC, 07/07/2011.

O ponto preto marca a localização de Maceió.
O WDTW no nível de 1000 hPa é apresentado pela linha preta.
As máximas nos níveis 500 e 200 hPa estão assinaladas com H.
O Coldfront é assinalado pelo símbolo tradicional com triângulos.
A ITCZ é apresentada por uma linha preta fina.

Fontes: NCEP; NOAA e INPE/CPTEC/DSA

Um sistema de escala sinóptica típico, como uma Zona de Convergência Intertropical

(ZCIT) e uma zona frontal, normalmente não se localizava numa área de nevoeiro. A Figura 3.1c mostra a posição da ZCIT durante a confluência de correntes de ar de ambos os hemisférios e a sua localização no Hemisfério Norte entre 10°N (perto de África) e o equador (na costa sul da América). A zona frontal pode ser vista como a confluência de linhas de corrente a 1000 hPa. Esta frente estava localizada sobre o Oceano Atlântico de 23°W 40°S até a região do Espírito Santo (40°W 20°S). A nebulosidade nas imagens de satélite de infravermelhos confirma a localização da ZCIT e da zona frontal neste exemplo (Figura 3.Id).

É importante notar que os seguintes *sistemas de escala sinóptica:* Jet Stream no NEB (JSNEB, 5 eventos), Middle Tropospheric Cyclonic Vortex (MTCV, 3 eventos), ITCZ (2 eventos) e raramente zona frontal (1 evento) estiveram associados a eventos de nevoeiro (Tabela 3.1).

A circulação ageostrófica direta em torno do *JSNEB* influencia os movimentos verticais. A elevação é observada na entrada da corrente de jato no lado quente e na saída da corrente de jato no lado frio.

O afundamento forma-se, pelo contrário, no lado frio da entrada da corrente de jato e no lado quente da saída da corrente de jato (Djuric, 1994). Não foi observada nenhuma corrente de jato subtropical ou polar perto do NEB. A localização climatológica do eixo da corrente de jato subtropical na América do Sul é cerca de 30°S (Taljaard, 1972; Satyamurty *et a*l., 1998).

Recentemente, uma corrente de jato próxima ao NEB (JSNEB) com um limite mínimo de velocidade de 20 m/s foi descrita em (Repinaldo, 2010; Campos, 2010). O JSNEB ocorreu com muita frequência; a velocidade média do vento no JSNEB foi de 37 m s'[1], e atingiu um valor máximo de 64 m s'[1]. O afundamento no JSNEB é muito importante para a formação de nevoeiro no NEB. Um exemplo da influência do JSNEB na formação de nevoeiro será apresentado na secção 4.2.1.

Os MTCVs são observados apenas na atmosfera média (a localização central situa-se entre 700 e 400hPa) na região tropical do Atlântico Sul (Fedorova at al., 2006; Santos, 2012). Mais de 200 (cerca de 232) MTCVs foram observados por ano. Os movimentos verticais num MTCV dependem da localização no interior do vórtice e os seus padrões não foram criados até à data. Um exemplo da influência dos MTCV na formação de nevoeiro será apresentado na secção 5.1.

A *ZCIT* está localizada, em média, entre 0 e 10°N perto da região do BNE e não tem influência direta no clima de Alagoas (Uvo, Nobre, 1989; Xavier *et al.*, 2000). A ZCIT chega à sua posição mais ao sul no Atlântico Sul equatorial em março-abril (Zhou, Lau, 2001). No entanto, quando a nebulosidade se desloca da ZCIT para o sul e chega a Alagoas, gera eventos intensos de precipitação (Pontes da Silva *et al.* 2008). Um exemplo da influência da nebulosidade da ZCIT na formação de nevoeiro será discutido na secção 5.1. Atenção especial será dada à circulação entre os dois hemisférios e sua influência na formação de nevoeiros na região tropical.

Tabela 3.1 Sistemas sinóticos associados aos eventos de neblina em Maceió em 2008 2014

H- High, L- Low; R- Ridge; T- Trough; S - Straight; TW- Trade Wind;

Sistemas específicos: *WDTW- Wave Disturbances in Trade Winds; ITCZ - Zona de Convergência Inter Tropical, Fr - Zona Frontal; MTCV- Middle Tropospheric Cyclonic Vortex, JSNEB - Corrente de jato no NEB*

Day	Intensity	Synoptic systems			
		1000 hPa	500 hPa	200 hPa	Specific system
06/05/2008	weak	TW	T	H	ITCZ
05/06/2008	weak	WD TW	H	R	-
11/06/2008	weak	WDTW	L	H	MTCV
23/06/2008	moderate	WDTW	H	R	-
03/08/2008	weak	TW	H	H	-
10/09/2008	moderate	WDTW	R	S	-
12/05/2009	weak	WDTW	R	T	MTCV; ITCZ; Fr
08/06/2009	weak	TW	R	S	-
17/06/2009	weak	TW	H	R	-
24/06/2009	moderate	WDTW	S	T	JSNEB
16/07/2009	weak	WDTW	R	T	JSNEB
05/05/2010	weak	WDTW	R	T	JSNEB
11/06/2010	intensive	WDTW	S	T	Tropical Low, JSNEB
17/06/2011	weak	TW	H	R	-
07/07/2011	weak	WDTW	H	H	-
08/07/2011	weak	TW	R	R	-
07/03/2012	moderate	TW	S	T	MTCV
27/06/2014	weak	WDTW	H	S	-
19/07/2014	moderate	WDTW	R	S	JSNEB
Σ19		WDTW:12 TW:7	H:7 R: 7 S:3 L:1 T:1	R: 5 H: 4 S: 4 T: 6	JSNEB: 5 MTCV: 3 ITCZ: 2 Fr: 1

Fontes: NCEP; NOAA e INPE/CPTEC/DSA

3.2 Estrutura troposférica vertical durante nevoeiro de radiação e nuvens stratus na região tropical

3.2.1 Estudos anteriores da estrutura vertical da troposfera durante nevoeiros e nuvens stratus nas regiões tropicais

3.2.1.1 Perfis verticais de temperatura e humidade

As nuvens *stratus* só foram observadas juntamente com nuvens altostratus e cumulus na região tropical (Fedorova et al. 2008). Este documento também mostra que os perfis verticais de temperatura e humidade (elaborados a partir dos dados de reanálise do NCEP) eram semelhantes para nuvens *stratus* e dias *de nevoeiro*. Foi observada uma camada de humidade (1 $^{O}C \leq T\text{-}Td \leq 3$ °C) nos eventos de *stratus* nos níveis baixos até 925 hPa, e foi detectada uma

CAPE positiva baixa (cerca de 370 J/kg) nos níveis até 950 hPa. Camadas CAPE positivas (cerca de 220 J/kg), começando em 970 hPa, foram observadas em eventos *de nevoeiro*. A camada de humidade atingiu 850 hPa nos casos de nevoeiro intenso e manteve-se perto da superfície nos dias de nevoeiro fraco. Inversão de temperatura e camadas isotérmicas foram associadas a eventos de nevoeiro/estrato no sul do Brasil e não foram registradas na região tropical. A ausência de camadas de inversão foi típica para os dias de formação de nevoeiro/estrato no NEB.

Informações adicionais sobre a estrutura vertical da atmosfera para eventos *de nevoeiro* de radiação (Fedorova et al. 2013) mostram que um perfil típico de temperatura pelo modelo WRF apresenta três camadas: 1) uma camada muito fina (até 166 m, 985 hPa) de inversão de temperatura com humidade muito elevada (T-Td estão entre 0,3 °C e 1,6 °C); 2) uma camada de instabilidade condicional (985-860 hPa); 3) uma camada seca e estável acima de 860 hPa. A ausência de inversão térmica e de instabilidade condicional nos níveis baixos foi identificada pelo NCEP/DOE II e pelo ECMWF até 850 e 900 hPa, respetivamente.

Um evento de *nevoeiro* intenso (com visibilidade mínima de 200 m) no Aeroporto Internacional de Maceió foi descrito por Fedorova et al. (2013). Neste evento, o desenvolvimento de convecção intensiva foi observado a uma distância de 20 km do Aeroporto e foi identificado por dados de satélite e radar. A inversão térmica perto da superfície (a uma altura de cerca de 30 m) e a estabilidade atmosférica até 925 hPa foram simuladas pelo modelo MM5. A existência de instabilidade atmosférica acima de 925 hPa foi identificada tanto pelos dados de reanálise do NCEP como pelo modelo MM5. O modelo MM5 simulou um levantamento fraco nos níveis baixos e um afundamento nos níveis médios-altos.

3.2.1.2 Perfil vertical dos movimentos verticais

Os movimentos verticais em eventos de nevoeiro/estratos na região tropical foram estudados pela primeira vez em Fedorova at al. 2008. Levantamento fraco (usando dados de reanálise do NCEP) foi típico para todos os dias de formação de nevoeiro/estrato no NEB.

Um levantamento fraco nos níveis baixos e uma predominância de afundamento nos níveis mais altos foram observados em todos os eventos de nevoeiro pelos modelos NCEP/DOE II, ECMWF e WRF (Fedorova at al. 2013). A existência de um levantamento fraco nos níveis baixos corresponde ao sistema de escala sinóptica (WDTW) identificado na região de estudo. Estes movimentos verticais são atípicos para a formação de nevoeiro de radiação na região extratropical, que está normalmente associado ao afundamento na Alta extratropical. O levantamento fraco nos baixos níveis é uma condição distintiva da formação de nevoeiro na região tropical, diferente das condições típicas de nevoeiro de radiação.

Resumindo os resultados apresentados acima, é possível fazer uma conclusão a respeito da estrutura vertical da troposfera para dias com nuvens ***stratus*** e ***eventos de nevoeiro*** de radiação na região tropical do NEB. A ausência de inversão de temperatura e de camadas isotérmicas nos baixos níveis e a existência de instabilidade condicional e fraco levantamento nestes níveis foram típicos para os perfis verticais, elaborados com base nos dados do NCEP/DOE II e do ECMWF. Apenas o modelo WRF identificou uma camada muito fina de inversão de temperatura com humidade muito elevada. Foram observadas nuvens *Stratus* e *nevoeiro* juntamente com ou perto de outros tipos de nuvens (altostratus, cumulus e, num caso, cumulonimbus). O CAPE positivo baixo (200 - 400 J/kg) foi típico para estes eventos.

3.2.2 Estrutura vertical da troposfera durante o nevoeiro de radiação nas regiões tropicais

Esta secção apresenta informações resumidas sobre a estrutura vertical da troposfera em eventos de nevoeiro de radiação durante todos os anos de estudo. As informações referentes às datas dos eventos de nevoeiro entre 1996 e 2007 foram obtidas de Silveira (2003), Fedorova et al. (2008), Silva (2012), Fedorova et al. (2013) e Fedorova et al. (2015). Novas datas entre 2008 e 2014 também foram adicionadas. Os perfis verticais de temperatura e humidade foram elaborados utilizando os modelos NCEP/DOE II e ECMWF. A informação sobre a instabilidade e a humidade nos níveis baixos durante os eventos de nevoeiro é apresentada nas Tabelas 3.2 e 3.3, respetivamente.

Duas camadas utilizando o modelo NCEP/DOE II foram observadas com mais frequência (22 eventos, 77%) nos níveis baixos em todos os dias de nevoeiro: 1) uma camada condicionalmente instável perto da superfície e 2) uma camada estável acima (Tabela 3.2). Uma camada condicionalmente instável foi detectada desde a superfície até 900 hPa em 14 eventos e era mais espessa (até 850 hPa) em cinco eventos ou mais fina (até 950 hPa) em três eventos. Apenas uma camada condicionalmente instável entre 1000 e 800 hPa foi observada em seis eventos. A camada condicionalmente instável perto da superfície foi também predominante na reanálise do ECMWF. Esta camada foi mais frequente (em metade dos eventos) até 800 hPa. Foi mais fina até 850 hPa e 950 hPa em sete e cinco eventos, respetivamente. Além disso, apenas uma camada estável foi detectada num evento (por cada modelo). De um modo geral, a estrutura vertical da troposfera apresenta semelhanças entre os dois modelos. A camada condicionalmente instável foi observada em quase todos os eventos (em 28 eventos, 97%) desde a superfície até 900 hPa pelos dados do NCEP/DOE II e até 800 hPa pelo modelo ECMWF.

Tabela 3.2 - Instabilidade nos baixos níveis (1000-800 hPa), utilizando os modelos NCEP/DOE II e ECMWF, em eventos de nevoeiro no Aeroporto Internacional de Maceió em todos os anos de estudo: 1996, 2002-2005 e 2007-2014.

Os símbolos são: S- Camada estável, C- Condicionalmente instável.

Day	*NCEP/DOE II*	*ECMWF*
16/06/1996	*C:1000-800*	*C:1000-800*
22/07/1996	*C:1000-800*	*C:1000-800*
12/04/2002	*C:1000-900* *S:900-800*	*C:1000-850* *S:850-800*
11/07/2002	*C:1000-900* *S:900-800*	*C:1000-850* *S:850-800*
12/07/2002	*C:1000-850* *S:850-800*	*C:1000-800*

01/06/2003	*C:1000-900* *S:900-800*	*C:1000-850* *S:850-800*
02/06/2004	*C:1000-800*	*C:1000-800*
21/05/2005	*C:1000-800*	*C:1000-950* *S:950-850* *C:850-800*
14/07/2005	*C:1000-900* *S:900-800*	*C:1000-800*
26/07/2007	*C:1000-850* *S:850-800*	*C:1000-800*
06/05/2008	*C:1000-800*	*C:1000-800*
05/06/2008	*C:1000-900* *S:900-800*	*C:1000-950* *S:950-800*
11/06/2008	*C:1000-850* *S:850-800*	*C:1000-900* *S:900-885* *C:885-800*
23/06/2008	*C:1000-950* *S:950-800*	*C:1000-800*
03/08/2008	*C:1000-900* *S:900-800*	*C:1000-950* *S:950-900* *C:900-800*
10/09/2008	*C:1000-850* *S:850-800*	*C:1000-800*
12/05/2009	*S:1000-800*	*C:1000-800*
08/06/2009	*C:1000-900* *S:900-800*	*C:1000-800*
17/06/2009	*C:1000-900* *S:900-800*	*C:1000-850* *S:850-800*
24/06/2009	*C:1000-900* *S:900-800*	*C:1000-850* *S:850-800*
16/07/2009	*C:1000-800*	*C:1000-800*
05/05/2010	*C:1000-850* *S:850-800*	*C:1000-850* *S:850-800*
11/06/2010	*C:1000-900* *S:900-800*	*C:1000-950* *S:950-800*
17/06/2011	*C:1000-900* *S:900-800*	*C:1000-950* *S:950-800*

07/07/2011	*C:1000-950* *S:950-800*	*C:1000-800*
08/07/2011	*C:1000-950* *S:950-800*	*C:1000-900* *S:900-800*
07/03/2012	*C:1000-900* *S:900-800*	*C:1000-800*
27/06/2014	*C:1000-900* *S:900-800*	*C: 1000-875* *S:875-850* *C:850-800*
19/07/2014	*C:1000-900* *S:900-800*	*S:1000-975* *C:975-800*
Σ 29 events	C+S: 22 events C: 6 events S: 1 event	C+S: 15 events C: 14
	C up to: *800: 6* *850: 5* *900: 14* *950: 2*	C up to: *800: 14* *850: 7* *875:1* *900: 2* *950: 5*

Fontes: Silveira (2003), Fedorova et al. (2008), Silva (2012), Fedorova et al. (2013), modelos METAR, NCEP/DOE II e ECMWF.

Uma camada húmida foi registada pelos modelos NCEP/DOE II e ECMWF em todos os eventos de nevoeiro (Tabela 3.3). A altura desta camada foi muito semelhante utilizando os modelos NCEP/DOE II (cerca de 992 hPa) e ECMWF (cerca de 993 hPa). A variação da altura da camada húmida foi pequena (entre 989 hPa e 998 hPa). A variação da humidade máxima nesta camada foi mais significativa para o modelo NCEP/DOE II (69 - 100%) do que para o modelo ECMWF (86-97%). Além disso, esta camada foi em média mais húmida pelo modelo ECMWF (cerca de 92%), do que pelo modelo NCEP/DOE II (cerca de 83%).

Tabela 3.3 - Umidade (Altura da camada úmida e Umidade Relativa) nos baixos níveis (1000-800 hPa), utilizando os modelos NCEP/DOE II e ECMWF, em eventos de nevoeiro Aeroporto Internacional de Maceió em todos os anos de estudo: 1996, 2002-2005 e 2007- 2014.

Day	***Height (hPa)***		***Relative Humidity (%)***	
	NCEP/DOE II	***ECMWF***	***NCEP/DOE II***	***ECMWF***
16/06/1996	*991.5*	*995,1*	*79*	*89*
22/07/1996	*992.6*	*998,0*	*94*	*92*
12/04/2002	*989.4*	*992,5*	*78*	*87*

11/07/2002	994.2	998,5	75	95
12/07/2002	991.4	996,8	86	96
01/06/2003	991.2	997,2	73	92
02/06/2004	993.3	996,4	81	92
21/05/2005	992.4	993,1	92	95
14/07/2005	992.9	996,9	79	87
26/07/2007	995.9	997,7	77	98
06/05/2008	990,7	992,7	84	87
05/06/2008	991,3	995,9	80	87
11/06/2008	991,5	995,3	73	85
23/06/2008	992,0	996,0	82	93
03/08/2008	992.2	995,4	85	96
10/09/2008	995.7	998,1	77	89
12/05/2009	991.7	992,7	88	90
08/06/2009	992.2	994,6	81	92
17/06/2009	990.5	997,0	79	92
24/06/2009	990.4	995,7	75	87
16/07/2009	994.3	997,6	100	94
05/05/2010	990.1	992,4	76	85
11/06/2010	993.8	996,8	69	87
17/06/2011	991.3	995,6	93	96
07/07/2011	989.9	994,9	85	95
08/07/2011	990.5	994,4	86	91
07/03/2012	990.3	993,0	76	95
27/06/2014	991.2	997,5	94	95
19/07/2014	994.3	1000,2	85	90
Average	992	993	83	92
Maximum	996	998	100	97
Minimum	989	990	69	86

Fontes: Silveira (2003), Fedorova et al. (2008), Silva (2012), Fedorova et al. (2013), modelos MET AR, NCEP/DOE II e ECMWF.

3.3 O efeito do oceano na formação de baixa visibilidade

O papel do oceano é muito importante para a formação de nevoeiro na região costeira. O oceano tem sido visto como uma fonte de humidade nas regiões costeiras. Além disso, a diferença de temperatura entre as regiões continentais e oceânicas cria condições para a formação de nevoeiro. Por exemplo, o nevoeiro marítimo de advecção forma-se quando o ar quente e húmido é transportado da superfície terrestre e depois arrefecido sobre o mar frio

(Cotton, Anthes, 1989). A dissipação do nevoeiro pode ser o resultado dos seguintes processos: 1) movimento do nevoeiro sobre a água mais quente, 2) nuvens cobrem o nevoeiro, 3) advecção do nevoeiro sobre a superfície mais seca e mais quente (por exemplo, sobre o continente).

A inversão de temperatura é uma condição muito importante para a formação de nevoeiro. Esta inversão é formada devido à corrente oceânica fria perto da Califórnia, onde o ar é mais quente do que a superfície do mar (Leipper, 1994). A relação da visibilidade com a altura da base de inversão é apresentada neste documento para efeitos de previsão de nevoeiro.

A evolução do nevoeiro marítimo foi investigada utilizando simulações MM5 ao longo da Califórnia sobre as águas costeiras (Koracin *et. al* 2005). As trajectórias simuladas dependem significativamente das nuvens ao longo das trajectórias e também da mudança do tipo de superfície (terra ou oceano) por onde a trajetória passa. A estrutura da massa de ar foi estudada no ponto final da trajetória onde o nevoeiro foi observado. Além disso, foi simulado o arrefecimento da massa de ar apesar do aumento gradual da temperatura da superfície do mar ao longo da trajetória. O arrefecimento do topo das nuvens foi indicado como o principal determinante do arrefecimento da camada marinha e da geração de turbulência ao longo das trajectórias pelos resultados do modelo.

O nevoeiro que se forma sobre o Pacífico Norte é do tipo advectivo (Jung, 1983). O indicador mais útil para a previsão deste tipo de nevoeiro é a relação do ponto de orvalho com a temperatura da superfície do mar. A relação do ponto de orvalho é determinada pela trajetória do ar e pelos padrões da temperatura da superfície do mar.

O nevoeiro marítimo é um tipo de nevoeiro de advecção quando o ar, que se encontra sobre uma superfície de água quente, é transportado sobre uma superfície de água mais fria, resultando num arrefecimento da camada inferior de ar abaixo do seu ponto de orvalho (Fu et al., 2012). Foi demonstrado que são necessários ventos fracos, condições estáveis e um fornecimento contínuo de ar húmido para a formação de nevoeiro marítimo. Este tipo de nevoeiro é típico dos mares Amarelo e Bohai na China (Fu et al., 2012).

O nevoeiro marítimo ocorre frequentemente sobre a frente de extensão do Kuroshio (Tokinaga et al., 2009) sob advecção quente para sul que suprime o fluxo de calor à superfície e estabiliza a massa de ar à superfície. O nevoeiro marítimo é raramente observado sobre esta frente, mesmo quando a *corrente oceânica quente* enfraquece a estratificação atmosférica e promove a mistura vertical. Esta frente produz uma banda estreita de convergência do vento à superfície, ajudando a suportar um movimento ascendente a 700 hPa que está associado à banda de chuva no Japão em junho-julho.

As águas quentes inibem muitas vezes a formação de nevoeiro e contribuem para a sua dissipação quando o nevoeiro é projetado sobre elas. O nevoeiro não se forma sobre uma superfície de água muito quente porque a convecção térmica enfraquece a inversão térmica. Além disso, a concentração de vapor de água necessária para atingir a saturação e a condensação só pode ser obtida com uma fonte de humidade significativa. Uma citação única sobre a formação de nevoeiro perto de uma corrente oceânica quente foi citada acima em Tokinaga et al., (2009).

Outro processo foi descrito para a região tropical costeira do NEB (Fedorova et. al,

2015). A temperatura da superfície do mar nas noites de nevoeiro era cerca de 4-7 °C mais elevada do que a temperatura do ar e também foi observada uma oscilação da temperatura quente da superfície do mar perto do BNE em todos os eventos de nevoeiro. Esta distribuição de temperatura, em que a temperatura da superfície do mar é mais elevada do que a temperatura do ar, é típica do nevoeiro de evaporação, quando o ar se desloca do continente e, consequentemente, se forma nevoeiro sobre o oceano (Cotton, Anthes, 1989). Em contrapartida, o nevoeiro no NEB formou-se sobre o continente a menos de 20 km da costa e, por conseguinte, não era do mesmo tipo que o nevoeiro de evaporação.

Uma superfície do mar mais quente contribui para a evaporação e, consequentemente, aumenta a humidade do ar nos níveis baixos perto da costa no NEB (Fedorova et. al, 2015). O fluxo de calor latente positivo observado nesta região indica um aumento da humidade do ar. Por este motivo, acumula-se mais humidade no ar costeiro. O fluxo de calor sensível negativo contribui para o arrefecimento do ar, a condensação do vapor e, consequentemente, a formação de nevoeiro.

A influência da temperatura da superfície do mar na formação de baixa visibilidade na região tropical próxima à costa brasileira ainda não foi suficientemente estudada em detalhes. Medidas precisas da temperatura da superfície do oceano são necessárias.

CAPÍTULO 4

4. Previsão de baixa visibilidade na região tropical

4.1 Estudos anteriores sobre a previsão de baixa visibilidade na região tropical

4.1.1 Previsão dos perfis verticais de temperatura e humidade para eventos de nevoeiro ligeiro

Perfis verticais previstos de temperatura e umidade foram testados para eventos de nevoeiro leve no Estado de Alagoas no NEB (Fedorova et al., 2013). Quatro eventos de nevoeiro leve com visibilidade entre 1-2 km e um evento com visibilidade entre 2-6 km e a maior duração (7 h) foram selecionados para esta análise. Nesses eventos, foi observado nevoeiro leve sem outros fenômenos meteorológicos, como chuva ou garoa.

Os perfis verticais acima mencionados foram produzidos utilizando Trajectórias de Parcelas de Ar do modelo Hybrid Single Particle Lagrangian Integrated Trajectory Model - HYSPLIT. O modelo HYSPLIT é um sistema completo para o cálculo de trajectórias de parcelas de ar (Draxler, Hess, 1997, Draxler, Rolph, 2003). O método de cálculo do modelo é um híbrido da abordagem *Lagrangiana*, que utiliza um quadro de referência móvel à medida que a parcela de ar se desloca da sua localização inicial, e a abordagem *Euleriana*, que utiliza uma grelha tridimensional fixa como quadro de referência. Os movimentos verticais são calculados utilizando o campo ómega. Foram utilizadas trajectórias recuadas no tempo para a elaboração de uma previsão com 12, 24, 36 e 48 horas de antecedência.

A previsão dos perfis verticais foi efectuada em três etapas:

Etapa 1: As trajectórias das parcelas de ar do modelo HYSPLIT foram construídas em 9 níveis (0, 500, 1000, 1500, 2000, 3000, 4000, 5000 e 8000 m);

Passo 2: Os perfis verticais da reanálise do NCEP foram produzidos nos pontos iniciais da trajetória (latitude e longitude);

Passo 3: Foi realizado um perfil vertical previsto, utilizando dados de temperatura e humidade nos níveis correspondentes dos perfis verticais no Passo 2.

Estes perfis verticais de temperatura e umidade previstos foram comparados com os perfis verticais, construídos usando dados de reanálise do NCEP *(perfis simulados)*. Os perfis simulados foram utilizados como dados reais devido à ausência de dados de radiossondas no Estado de Alagoas. Esta comparação mostra resultados satisfatórios com 12 h de antecedência. Em particular, um nível estável foi previsto satisfatoriamente com 12 h de antecedência. As diferenças entre as temperaturas simuladas e previstas foram de 1°C nos níveis baixos (com 12, 24 e 36 h de antecedência) e 2°C nos níveis médios (com 12 e 24 h de antecedência). A previsão com 48 h de antecedência não produziu resultados satisfatórios. Os perfis previstos apresentaram as principais caraterísticas dos perfis associados às nuvens stratus na região tropical e, portanto, podem ser utilizados para a previsão desse fenômeno adverso.

4.1.2 Previsão de um evento de nevoeiro intenso, utilizando o modelo PAFOG

4.1.2.1 Breve informação sobre o modelo PAFOG

O modelo de previsão (PArameterisedFOG - PAFOG) foi desenvolvido na Alemanha por Bott e Trautmann para nevoeiro de radiação e nuvens estratiformes de baixo nível (Bott e

Trautmann, 2002; Bott e Masbou, 2007). O nevoeiro de radiação forma-se geralmente no interior das massas de ar, longe de qualquer zona frontal. O modelo unidimensional PAFOG da camada limite atmosférica é composto por quatro módulos: 1) dinâmico, 2) microfísico, 3) radiação e 4) vegetação baixa.

O módulo dinâmico descreve os processos na camada limite superficial e inclui equações de prognóstico para o campo de vento horizontal, temperatura potencial e humidade específica da mesma forma que em Bott et al. (1990) e Siebert et al. (1992). A turbulência é tratada utilizando o modelo de nível 2.5 de Mellor e Yamada (1982).

O esquema de parametrização *microfísica* é descrito em Nickerson et al. (1986) e Chaumerliac et al. (1987). Além disso, foram resolvidas duas equações de prognóstico para a concentração numérica total de gotículas de nuvens e para o teor total de água nas nuvens. A distribuição do tamanho das gotículas é descrita por uma função log-normal e é calculada pelo diâmetro das gotículas e pelo parâmetro de dispersão da distribuição das gotículas. O núcleo microfísico parametrizado foi subdividido em três partes: ativação, condensação/evaporação e sedimentação (Bott e Masbou, 2007). A sedimentação é tratada por meio do transporte vertical de gotículas para chegar à velocidade de sedimentação.

Os cálculos *de radiação* são efectuados utilizando a aproximação de 5-dois fluxos de Zdunkowski et al. (1982). Nesta aproximação, o intervalo espetral solar (0,28-6 pm) é subdividido em quatro subintervalos, com extinção por vapor de água, ozono, aerossóis e gotículas de nuvens.

O modelo de vegetação é baseado em Siebert et al. (1992) e descreve a interação dos processos da superfície terrestre com a atmosfera sobrejacente. Os parâmetros de entrada para o modelo de vegetação incluem a altura da copa, o fator de proteção, o índice de área foliar, o albedo da folhagem, o armazenamento máximo de água na folhagem, a resistência mínima dos estomas, o fator de crescimento sazonal e o albedo da superfície terrestre.

Os dados de entrada do modelo PAFOG são apresentados em 4 módulos. *Módulo 1:* dados geográficos (latitude, longitude e altitude da estação meteorológica); solo (tipo de solo); vegetação (altura e cobertura); *dados da estação meteorológica* (pressão; temperaturas do ar e do ponto de orvalho e humidade relativa a 2m; temperatura no solo; visibilidade). *Módulo 2:* nebulosidade nos níveis baixo, médio e alto. *Módulo 3:* dados das radiossondas (pressão; temperaturas do ar e do ponto de orvalho; velocidade geostrófica do vento; nível). *Módulo 4:* temperatura e humidade do solo a diferentes profundidades.

4.1.2.2 Resultados de uma previsão intensiva de nevoeiro utilizando o modelo PAFOG

A primeira vez que o modelo PAFOG foi aplicado na região tropical para a previsão de um evento de nevoeiro intenso no NEB (Fedorova et al., 2013). Foram identificadas nuvens de baixo nível sobre a região continental e desenvolvimento de convecção sobre o oceano perto da praia.

Foram observadas nuvens de convecção durante o dia anterior ao evento de nevoeiro. Esta nebulosidade é típica do vento de comércio e da brisa diária do oceano.

A ausência de zonas frontais na região tropical estudada é semelhante às condições para a formação de nevoeiro de radiação na Alemanha. Por isso, foi possível tentar usar o modelo alemão. Este modelo foi gentilmente cedido pelos autores do modelo para ser utilizado na região tropical.

O modelo PAFOG foi utilizado para a previsão da formação de nevoeiro com 24 horas de antecedência. Dados meteorológicos de superfície horários foram usados como dados de entrada para os *Módulos* 1 e 2. Devido à ausência de dados de radiossondas na região de Maceió, os dados do modelo MM5 foram usados no *Módulo* 3. Os dados de entrada para o *Módulo* 4 foram constantes (UV=0,25) devido à ausência de qualquer informação (observacional ou simulada). Os parâmetros de entrada do PAFOG são dados meteorológicos padrão, ou seja, perfis verticais de temperatura e umidade específica, bem como o vento geostrófico.

A previsão deste nevoeiro intenso apresenta um resultado satisfatório com 10 e 7 horas de antecedência. As observações meteorológicas de superfície do aeroporto mostraram uma visibilidade mínima (200 m), entre as 4 e as 7 horas da manhã. Uma visibilidade inferior a 1000 m entre as 6 e as 11 horas da manhã, com uma visibilidade mínima de 136 m, foi simulada pelo modelo PAFOG.

4.1.2.3 Previsão de eventos de nevoeiro ao longo de cinco anos, utilizando o modelo PAFOG

Todos os eventos de nevoeiro ao longo de cinco anos na região tropical do NEB (Aeroporto Internacional de Maceió) foram analisados em Fedorova et al. (2015). A ausência da Zona de Convergência Intertropical, zonas frontais e Vórtice Ciclônico Troposférico Superior na região de estudo foi confirmada para todos os eventos de nevoeiro e, portanto, foi possível usar o modelo PAFOG para a previsão de nevoeiro. O modelo ID PAFOG foi utilizado em todos os casos sempre que possível.

O modelo não foi utilizado em cinco eventos devido a: 1) ausência de dados iniciais do WRF em um caso e 2) chuvas antes dos eventos de nevoeiro em quatro eventos. Por conseguinte, o modelo PAFOG foi utilizado em três eventos.

Como dados de entrada, foram utilizadas informações da estação meteorológica de superfície e do modelo WRF. A previsão foi satisfatória em dois casos e não num caso. Os resultados satisfatórios da duração e intensidade do nevoeiro foram obtidos com 9 horas de antecedência.

O modelo PAFOG foi elaborado para a Alemanha, onde a vegetação é muito diferente daquela do litoral norte do Brasil. Portanto, o efeito da vegetação na previsão de nevoeiro no Aeroporto de Maceió usando o modelo PAFOG foi estudado no mesmo trabalho. A vegetação predominante em torno do Aeroporto de Maceió é a cana-de-açúcar de crescimento rápido. Os eventos de nevoeiro foram registados em diferentes meses, de abril a julho. A cana-de-açúcar tem diferentes estágios de desenvolvimento durante esse período de tempo; portanto, diferentes parâmetros de vegetação foram usados para cada evento de neblina (Ferreira Junior et al., 2012).

Não houve influência significativa dos parâmetros de vegetação da cana-de-açúcar de crescimento rápido na previsão de baixa visibilidade pelo modelo PAFOG. No entanto, foi observada uma tendência de previsão mais precisa da visibilidade, duração do nevoeiro e início do evento com o uso do armazenamento máximo de água da folhagem para Maceió (5º parâmetro).

4.2 Previsão de baixa visibilidade pelo modelo PAFOG em eventos de nevoeiro de radiação 20082014

4.2.1 Evento com Jet Stream no NEB (24/06/2009)

Visibilidade mínima de 400 m com duração de 48 min foi detectada no evento de nevoeiro do dia 24/06/2009. Uma situação sinótica típica para dias com formação de nevoeiro em Maceió com a Onda de Distúrbios nos Ventos Alísios (WDTW) em 1000 hPa foi observada no dia 24/06/2009 (Figura 4.1a). A WDTW não era profunda e não era visível a 800 hPa (Figura 4.1b).

A circulação anticiclónica foi detectada perto de Alagoas nos níveis médios (Figura 4.2a). Mas a Alta estava localizada a oeste de Maceió e da região de estudo afetada pela calha. Esta calha foi mais intensa nos altos níveis (300 hPa e 200 hPa, Figuras 4.2b e 4.3a). A região de estudo estava localizada perto do eixo da calha nos níveis altos (300 e 200 hPa). Além disso, a corrente de jato passou ao longo desta calha. Este jato é um ramo da corrente de jato subtropical e sobre o NEB é chamado de Jet Stream no NEB (JSNEB) (Repinaldo, 2010; Campos, 2010; Pontes et al., 2011).

Esse jato geralmente é mais fraco que o jato subtropical (limite inferior de 20 m/s). Nuvens típicas da corrente de jato podem ser vistas nas imagens de satélite (Figura 4.3b). Dois núcleos deste jato estavam localizados na vanguarda e na retaguarda da calha. A circulação em torno da corrente de jato afectou a formação do movimento vertical na região do nevoeiro (Figura 4.4b).

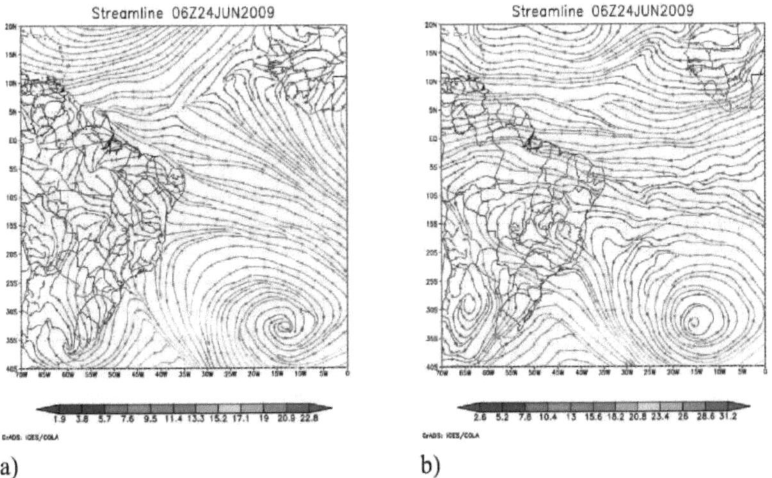

Figura 4.1- Linhas de corrente em 1000 hPa (a) e 800 hPa (b) em 24/06/2009, 06 UTC

Fonte: CFSR

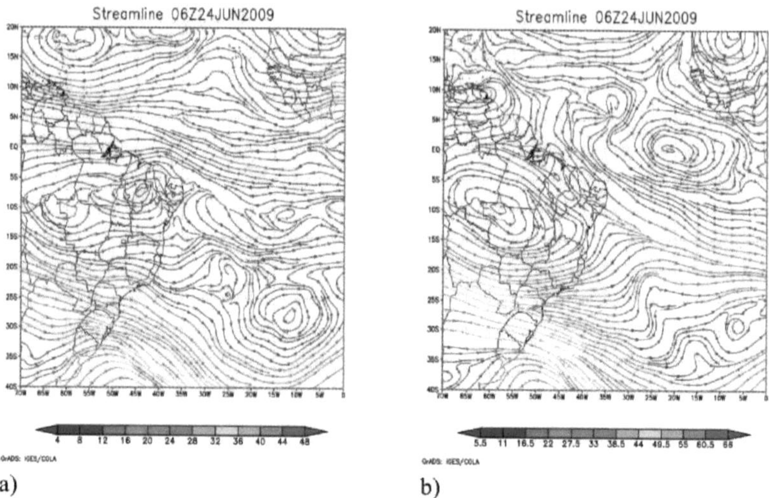

Figura 4.2 - Linhas de corrente em 500 hPa (a) e 300 hPa (b) em 24/06/2009, 06 UTC. **Fonte:** CFSR.

A estrutura vertical da troposfera mostra uma camada superficial húmida até 850 hPa e uma camada seca acima desta (Figura 4.4a). Foi observada uma camada mais estável entre 850 e 700 hPa, mas não foi registada uma camada isotérmica ou de inversão. No entanto, a diminuição da humidade a este nível elevado é típica da camada com afundamento.

A confirmação da subsidência do ar pode ser vista no perfil vertical do ómega, que mostra um afundamento mais intenso na camada de 700-850 hPa (Figura 4.4b). A elevação foi registada nos níveis baixos até 900 hPa e foi associada a WDTW. O afundamento e a elevação nos níveis altos (cerca de 400 e 200 hPa, respetivamente) foram associados ao JSNEB.

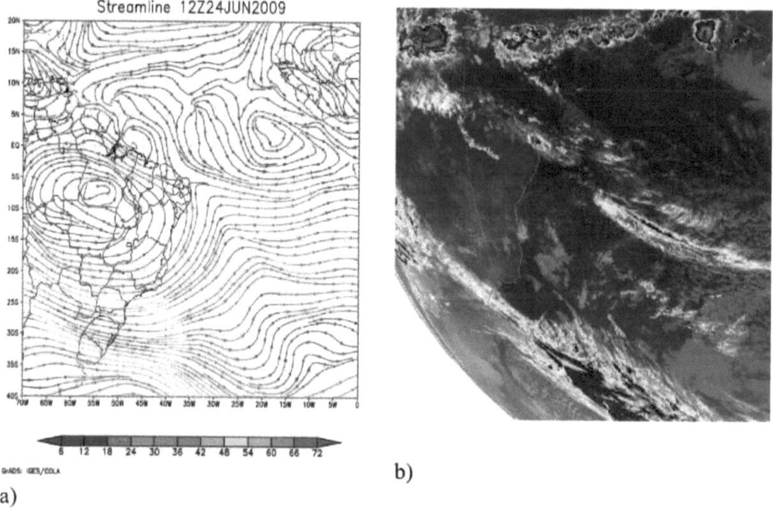

Figura 4.3 - Linhas de corrente em 200 hPa (a) e imagem de satélite infravermelho do

METEOSAT-9 (b) em 24/06/2009, 06 UTC. *O ponto preto mostra Maceió.* **Fonte:** CFSR e GIBBS/NOAA.

A visibilidade prevista pelo modelo PAFOG com dados de entrada do modelo CFSR mostra resultados satisfatórios com 12 horas de antecedência (Figura 4.5a). A visibilidade mínima prevista foi de 62 m e a visibilidade observada foi de 400 m. O nevoeiro foi registado apenas durante 48 minutos, mas a duração prevista foi de 6 h.

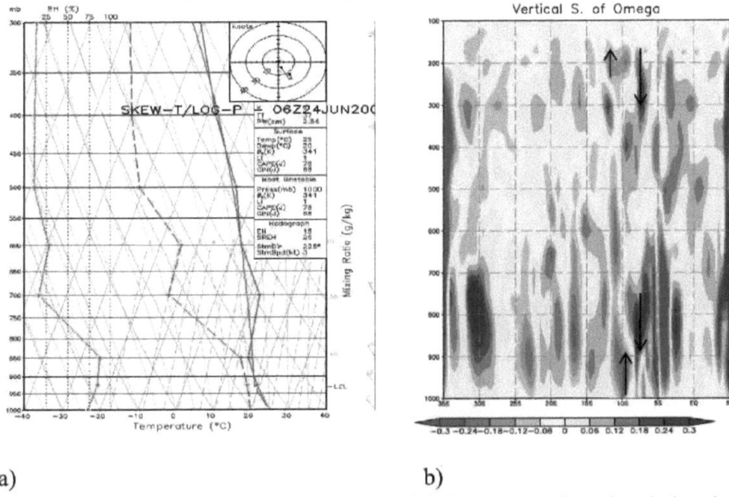

a) b)

Figura 4. 4 - Perfis verticais de temperatura e umidade em Maceió pelos dados de reanálise (a) e secção vertical do ômega ao longo de 36°W (b) em 24/06/2009, 06 UTC.
Fonte: NCEP, CFSR.

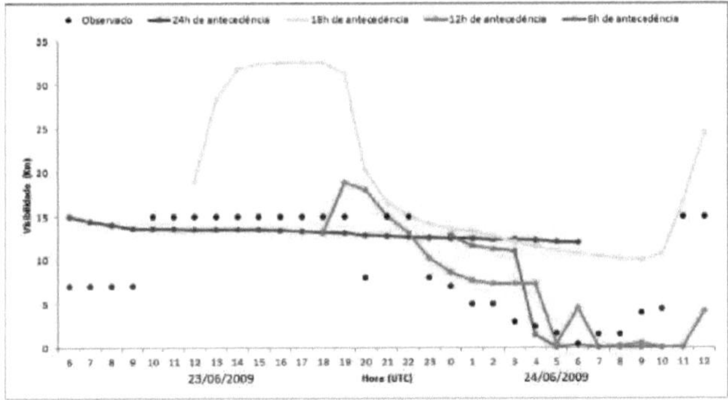

Figura 4. 5 - Visibilidade prevista pelo modelo PAFOG no aeroporto de Maceió em 24/06/2009 com os dados de entrada do CFSR.
O ponto preto corresponde aos dados de observação da superfície do aeroporto. As linhas coloridas mostram a previsão com 24h (vermelho), 18h (amarelo), 12h (azul) e 6h (verde) de antecedência. **Fonte:** Modelo PAFOG

4.2.2 Evento em Recife (18/08/2013)

Wave Disturbances in the Trade Winds (WDTW) ou calha nos baixos níveis de 1000 hPa

(Figura 4.6a e b) é uma situação sinóptica típica para dias com formação de nevoeiro no NEB. As nuvens nos baixos níveis foram associadas ao WDTW (Figura 4.6b). A Alta foi dominante na região do Recife nos níveis médios e altos. A ausência de zona frontal e ZCIT na região do Recife mostra que o uso do modelo PAFOG está disponível.

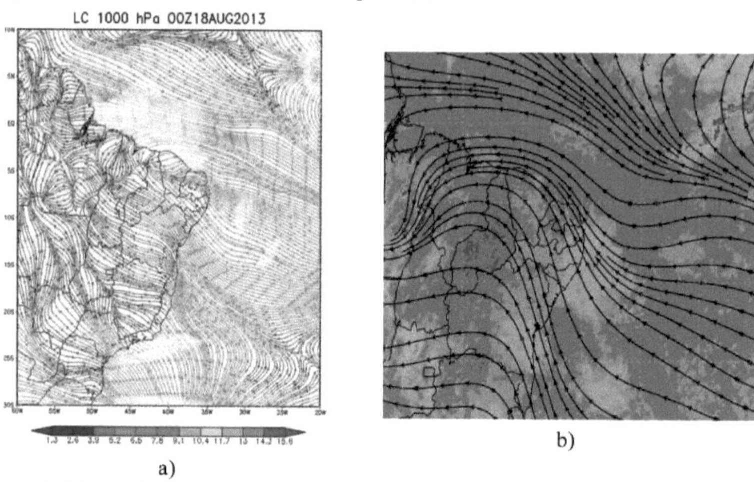

Figura 4. 6 - Linhas de corrente em 1000 hPa, no dia 08/08/2013, 00 UTC (a) e 15h (b) e dados do satélite GOES-13 (GridSat Bl)
Fonte: NCEP (a), CFSR (b).

Perfis verticais de temperatura e umidade no aeroporto de Recife, elaborados por dados de reanálise CFSR (Figura 4.7a) e ERA-interim (Figura 4.7b) mostram a similaridade, com uma camada superficial muito úmida (umidade relativa igual a 100%) até 700 -730 hPa e uma camada seca acima dela. Um perfil vertical da Reanálise II (Figura 4.7c) apresenta a mesma camada húmida, mas com uma humidade relativa de 95-99%.

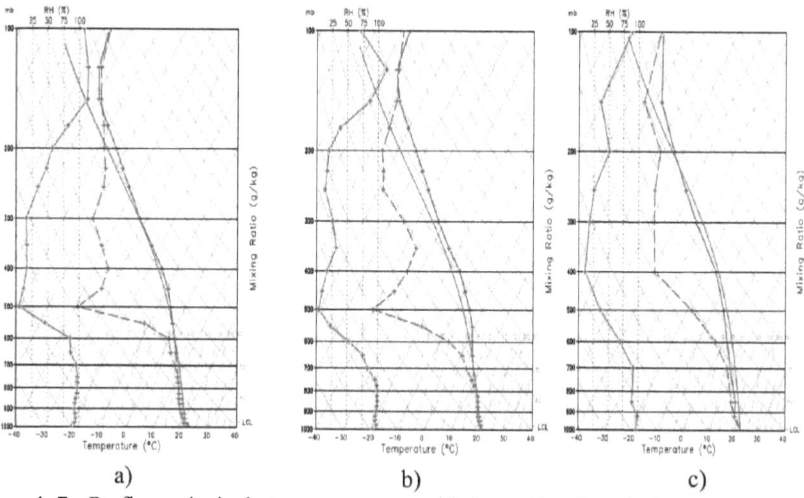

Figura 4. 7 - Perfis verticais de temperatura e umidade em Recife pelo CFSR- reanálise (a),

ERA-interim (b) e Reanálise II (c) em 18/08/2013, 12 UTC. **Fontes:** CFRS, NCEP

A visibilidade mínima, através dos dados da estação meteorológica do aeroporto, foi igual a 700 m com duração do nevoeiro de 0,9 h.

A visibilidade prevista pelo modelo PAFOG com dados de entrada do CFSR apresenta resultados satisfatórios até 21h de antecedência (Figura 4.8). A melhor previsão foi feita com 9 horas de antecedência, com visibilidade de 867 m.

Os dados da radiossonda existiam apenas 27 horas antes do evento de nevoeiro. Usando estes dados de entrada, o modelo PAFOG mostra a mesma tendência de visibilidade prevista e observada.

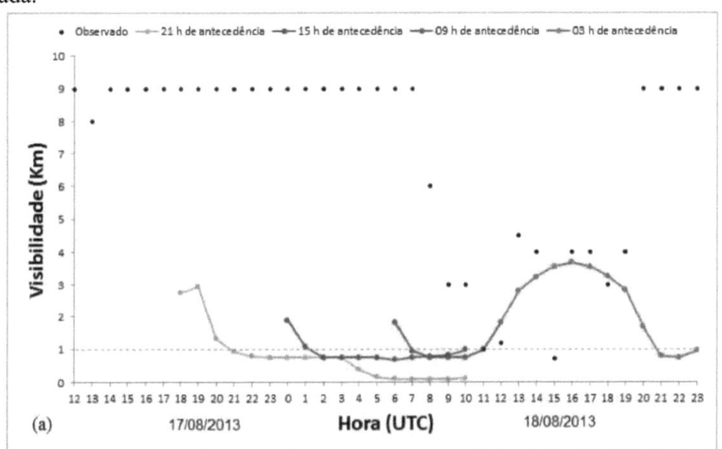

Figura 4. 8 - Visibilidade prevista pelo modelo PAFOG no aeroporto do Recife em 18/08/2013 com dados de entrada do CFSR.

O ponto preto corresponde aos dados de observação da superfície do aeroporto.

As linhas coloridas mostram previsões com 27h (vermelho), 21h (castanho), 15h (verde), 9h (violeta) e 3h (azul) de antecedência.

Fonte: Modelo PAFOG

4.2.3 Previsão de baixa visibilidade em Salvador em 06/05/2010

Nevoeiro foi observado em 06/05/2010, 10 UTC em Salvador (13.0°S, 38.5°W) com uma duração de 0.17h e visibilidade mínima de 400 m (moderada). Chuva (01 UTC, 04-05 UTC, 08-09 UTC, 10-12 UTC, 10-11 UTC) e neblina (08-09 UTC) foram registados no dia anterior (05/05/2010). Além disso, foi observada neblina antes do evento de nevoeiro às 09-10 UTC de 06/05/2010.

4.2.3.1 Análise sinóptica

Wave Disturbances in the Trade Winds (WDTW) ou calha nos baixos níveis, 1000 (Figura 9 a, c) e 925 hPa, foi observada no centro do Estado da Bahia (na região do nevoeiro) por dados de reanálise (NCEP e CFSR) antes do evento de nevoeiro às 06 UTC. Variação significativa nas linhas de corrente antes e depois do evento de nevoeiro (06 e 12 UTC) pela reanálise do NCEP não foi observada (Figura 9 a, b). É importante notar que os dados

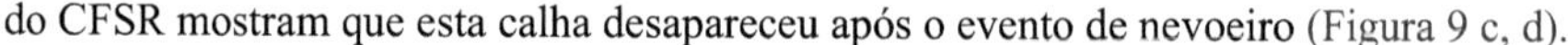

do CFSR mostram que esta calha desapareceu após o evento de nevoeiro (Figura 9 c, d).

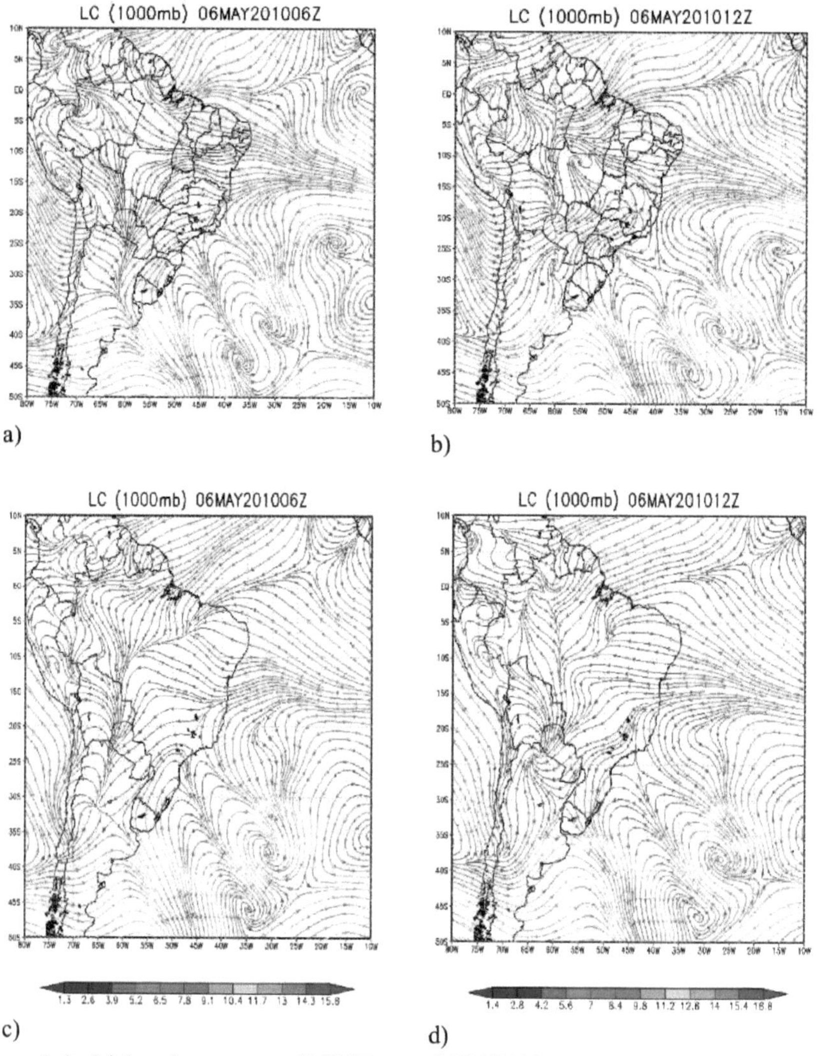

LC (1000mb) 06MAY201006Z

LC (1000mb) 06MAY201012Z

a) b)

LC (1000mb) 06MAY201006Z

LC (1000mb) 06MAY201012Z

c) d)

Figura 4. 9 - Linhas de corrente a 1000 hPa, em 06/05/2010, 06 UTC (a, c) e 12 UTC (b,d)
Fonte: NCEP (a, b), CFSR (c, d).

A circulação ciclónica em 1000 hPa foi confirmada pela confluência em torno de Salvador antes do evento de nevoeiro (Figura 4.10a). O centro dessa confluência se deslocou para o sul após o evento, mas estava perto de Salvador (Figura 4.10b).

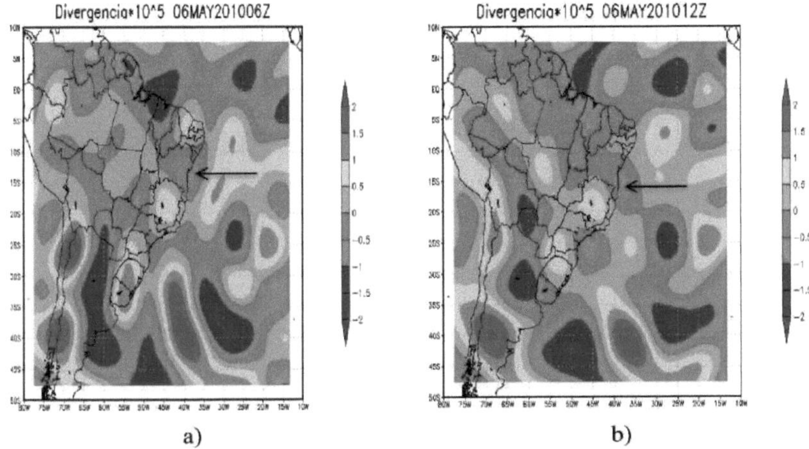

Figura 4.10 - Divergência 1000 hPa, 06/05/2010, 06 UTC (a) e 12 UTC (b).
Fonte: NCEP.

A circulação anticiclónica (Alta ou Crista) foi registada nos níveis médios (700 e 500 hPa) pelos dados de reanálise do NCEP e do CFSR antes e depois do evento de nevoeiro. Foi detectada uma diferença na intensidade da circulação. A Alta pelos dados do NCEP e a Crista pelos dados do CFSR foram localizadas perto de Salvador (Figura 4.11).

A circulação nos altos níveis com a localização da Alta sobre o nordeste do continente foi idêntica utilizando os dois modelos (NCEP e CFSR) (Figura 4.12). Além disso, a corrente de jato foi detectada sobre o Oceano Atlântico; seu eixo passa ao longo de 20°S, aproximadamente, e o bordo norte foi identificado próximo a Salvador.

Mapas de espessura (1000-500 hPa) elaborados por ambos os modelos (NCEP e CFSR) mostram que a região de Salvador estava localizada dentro da massa de ar quente antes e depois do evento de nevoeiro (Figura 4.13).

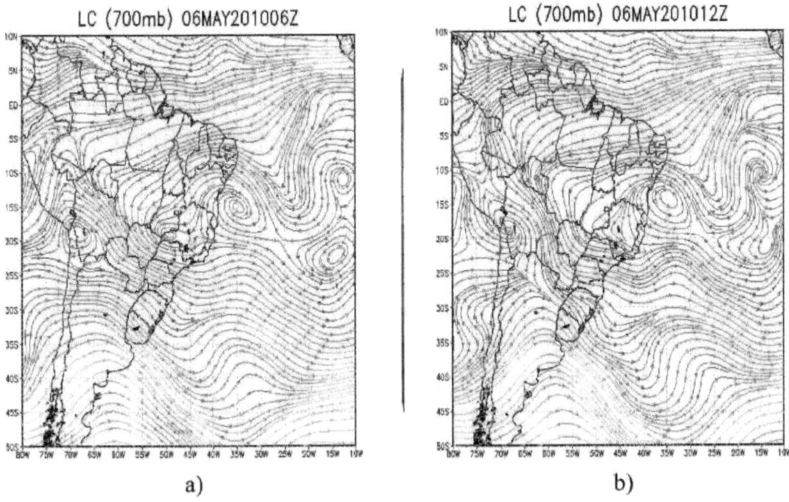

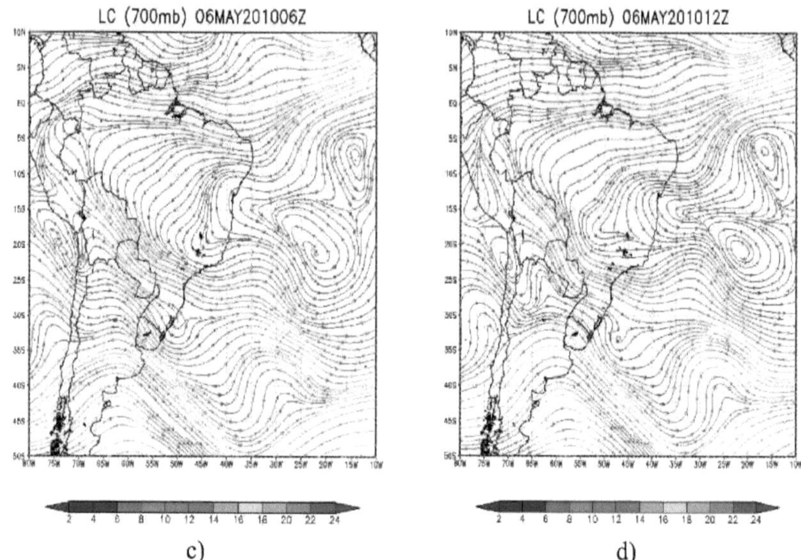

Figura 4.11 - Linhas de corrente em 700 hPa, em 06/05/2010, 06 UTC (a, c) e 12 UTC (b, d).
Fonte: NCEP (a, b), CFSR (c, d).

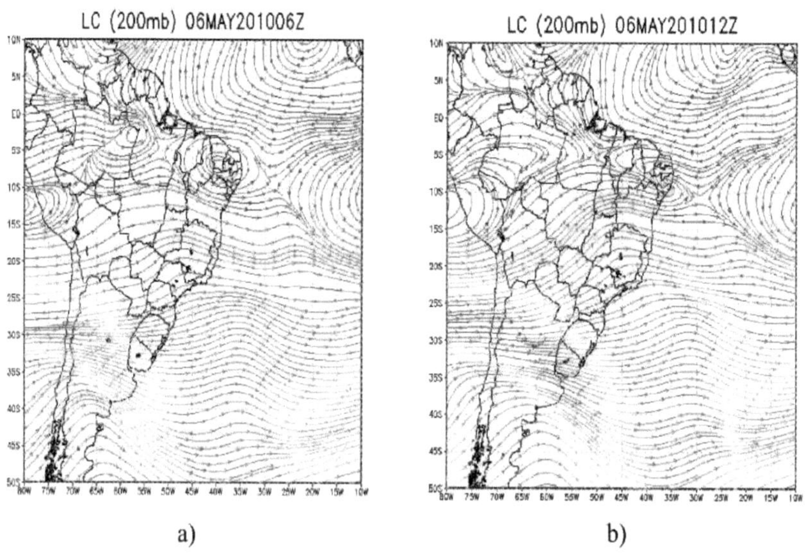

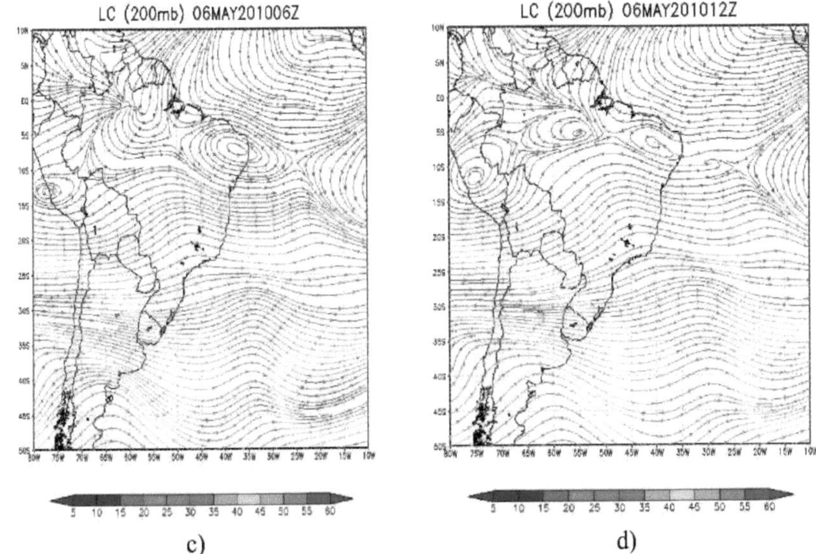

Figura 4.12 - Linhas de corrente em 200 hPa 06/05/2010, 06 UTC (a, c) e 12 UTC (b, d).
Fonte: NCEP (a, b), CFSR (c, d).

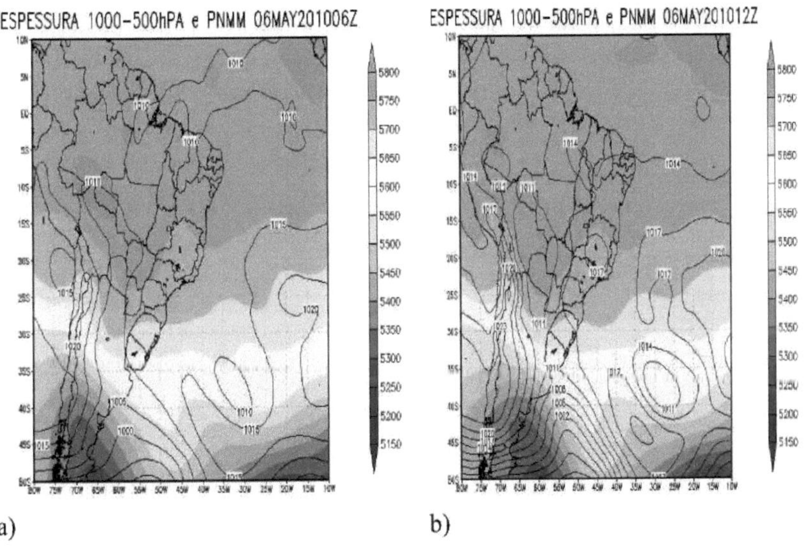

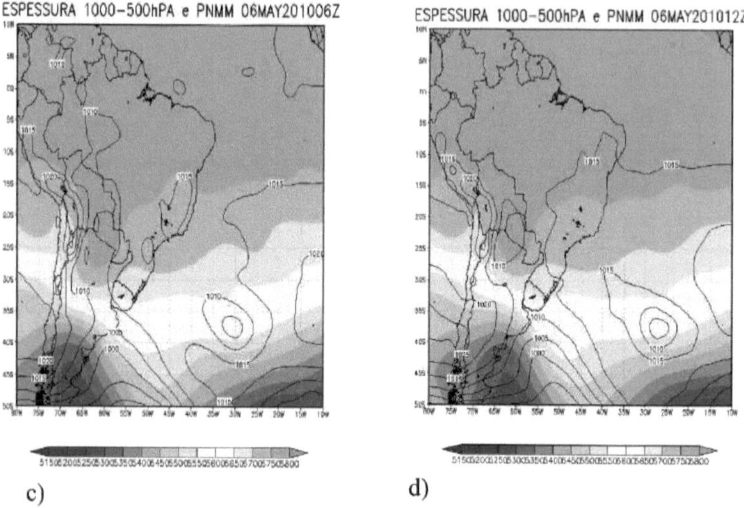

c) d)

Figura 4.13 - Espessura entre 1000 e 500 hPa, no dia 06/05/2010, 06 UTC (a, c) e 12 UTC (b, d). **Fonte:** NCEP (a, b), CFSR (c, d).

A análise frontal mostra a localização da frente fria longe de Salvador. Zonas frontais foram associadas com atividade ciclônica no Oceano Atlântico (37°S, 30°W em 06 UTC e 37°S, 25°W em 12 UTC). Esta informação pode ser vista nos mapas de pressão e linhas de corrente em 1000 hPa (Figuras 4.13 e 4.9). Os mapas de espessura entre 1000 e 500 hPa (Figuras 4.13) não mostraram uma localização frontal; isto é típico para as zonas frontais na região tropical (Fedorova et. al, 2015). Usando mapas de temperatura potencial equivalente e sua advecção, uma zona frontal pode ser identificada no sul do Estado da Bahia (Figura 4.14). Imagens de satélite no infravermelho (Figura 4.15) mostram algumas nuvens na periferia frontal sobre a região continental. Essa periferia frontal foi acompanhada pela corrente de jato nos altos níveis (200 hPa, Figura 4.12).

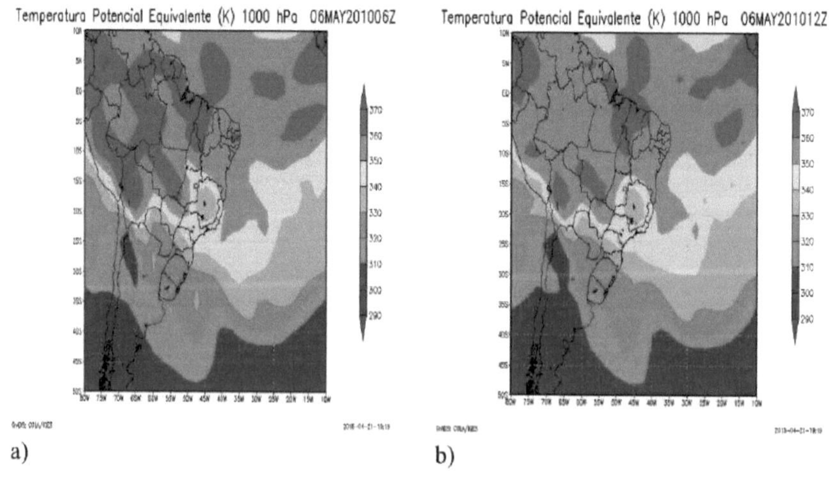

a) b)

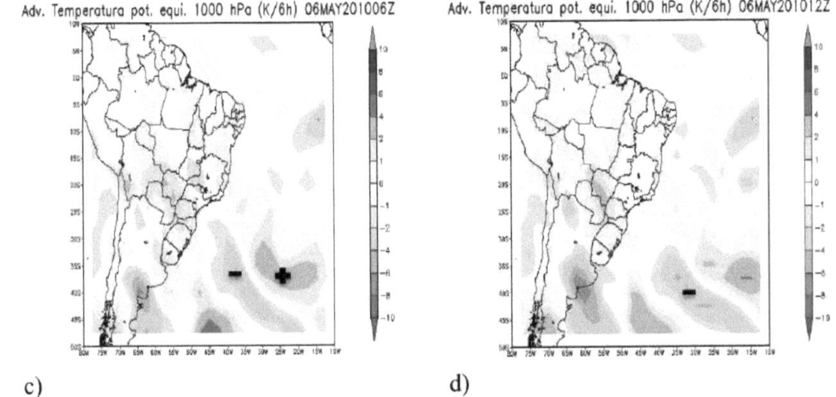

c) d)

Figura 4.14 - Temperatura potencial equivalente e sua advecção no dia 05/06/2010, 06 UTC (a) e 12 UTC (b)
Fonte: NCEP

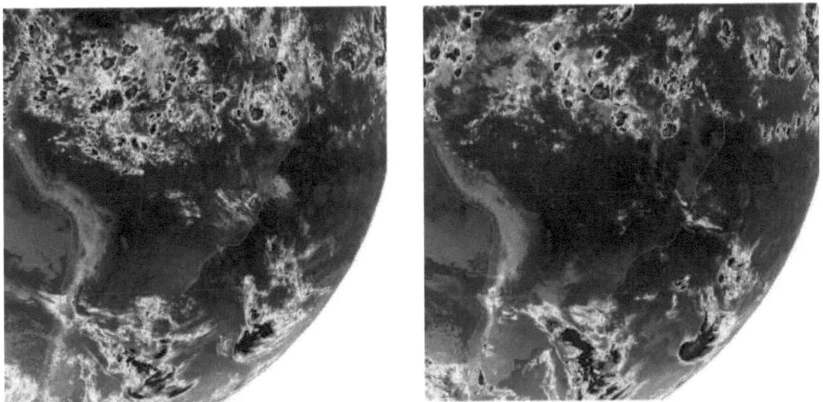

Figura 4.15 - 06/05/2010, 06 UTC (a) e 12 UTC (b)
Fonte: GIBBS/NOAA.

Uma confluência da corrente de ar dos dois hemisférios, ou ZCIT, foi observada pelos dados de reanálise do NCEP e do CFSR ao longo de 0°, aproximadamente. As imagens de satélite confirmaram a localização da ZCIT.

A ausência de zonas frontais e ZCIT nas proximidades de Salvador mostra a possibilidade de utilização do modelo PAFOG para previsão de baixa visibilidade.

4.2.1.1 Análise da estrutura vertical da troposfera em Salvador

Perfis verticais de temperatura e umidade em Salvador por radiossonda e dados de reanálise do CFSR mostram resultados semelhantes, com uma camada mais úmida nos níveis baixos (1 GOO- 925 hPa) e seca acima (Figura 4.16). Foi observada uma diferença de 2-5°C entre a temperatura (T) e a temperatura do ponto de orvalho (Td) nesta camada húmida. Isto significa que este perfil era típico para dias de nevoeiro na região tropical. O perfil previsto foi semelhante a estes perfis (a diferença entre a T e a Td previstas e reais (por dados de radiossonda e reanálise) foi inferior a 2°C).

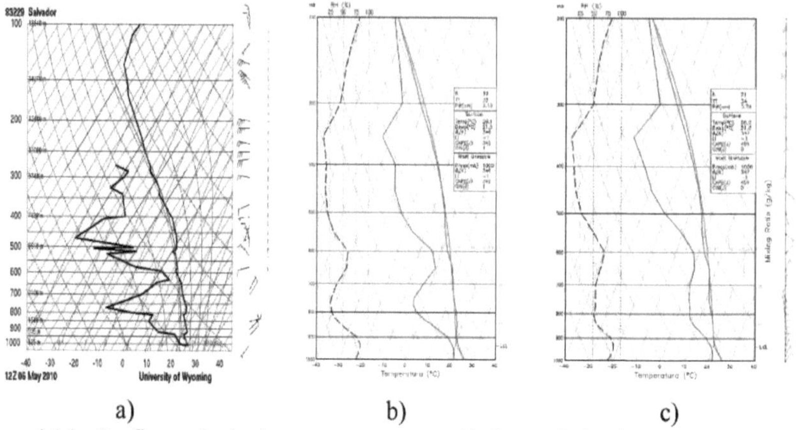

a) b) c)

Figura 4.16 - Perfis verticais de temperatura e umidade em Salvador pela radiozonda (a), CFSR-reanalyze (b) e previsão de 6h pelo CFSR (c) em 06/05/2010, 12 UTC.

Fonte: Universidade do Wyoming, CFRS.

A Figura mostra o acúmulo de umidade na camada de 1000-800 hPa em torno de Salvador (38°W) às 00 UTC (Figura 17a) e o levantamento da umidade antes do evento de nevoeiro às 06 UTC (Figura 17b). Após a dissipação do nevoeiro, o volume de umidade diminuiu na região de estudo (Figura 17c).

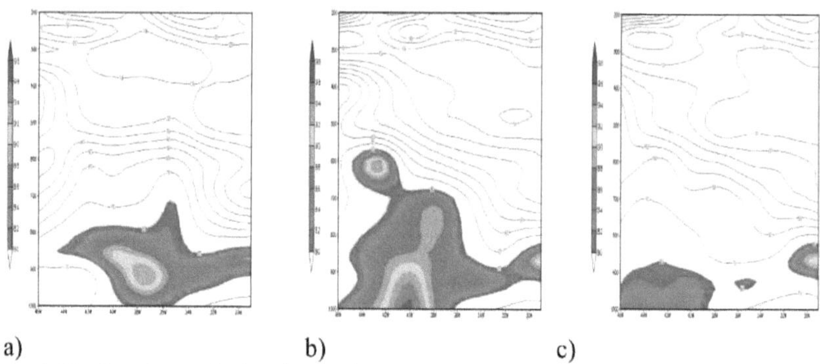

a) b) c)

Figura 4.17 - Secção vertical ao longo de 13°S de humidade no dia 06/05/2010, 00 UTC (a), 06 UTC (b) e 12 UTC (c).

Fonte: NCEP.

Utilizando os dados de reanálise do CFSR, foi detectada elevação entre 1000 e 850 hPa, com afundamento acima desta camada (Figura 4.18).

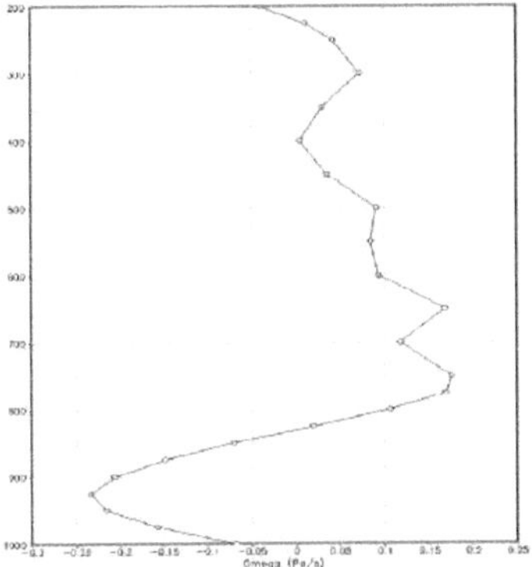

Figura 4.18 - Perfil vertical do Omega em 06/05/2010, 12 UTC. **Fonte:** CFRS.

4.2.1.2 Visibilidade prevista pelo modelo PAFOG em Salvador

A previsão da visibilidade foi elaborada, utilizando o modelo PAFOG e dados de entrada da reanálise CFSR, com 22 h de antecedência (22, 16, 10 e 4 h) (Figura 4.19). Foi previsto nevoeiro até 22 horas de antecedência com uma visibilidade mínima de 378 m. Foi observada uma visibilidade mínima de 400 m na estação meteorológica. No entanto, a duração prevista do nevoeiro foi de 14 h, mais longa do que a observada (0,17 h). A visibilidade mínima de cerca de 880 m com a duração de 4 h foi prevista com 22 h de antecedência utilizando dados de radiosondas.

De acordo com os dados da estação meteorológica de superfície do aeroporto, foram observadas nuvens stratus e/ou stratocumulus durante todo o dia 06/05/2010 desde as 02 UTC com uma altura de base da nuvem de 0,5 km. Com base nos dados de previsão, a altura dos stratus diminuiu rapidamente entre as 19 e as 20 UTC do dia anterior (05/05/2010) e esteve próxima dos 10-20 m durante a noite até às 11 UTC do dia 06/05/2010.

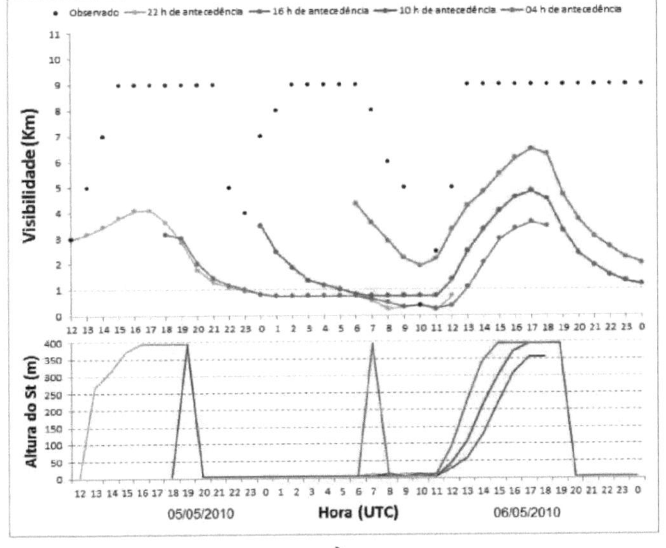

a)

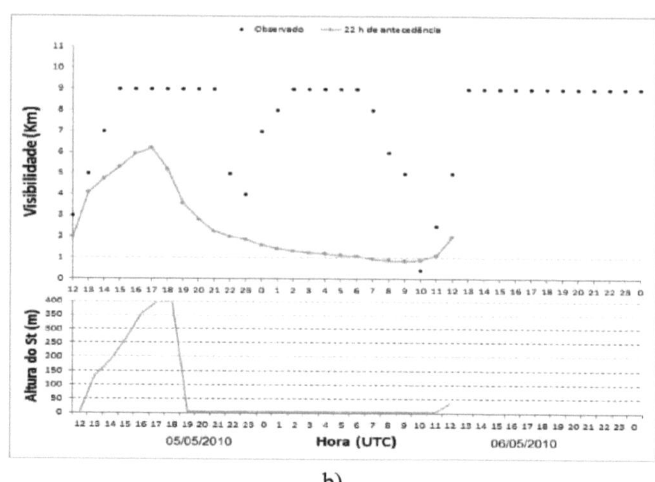

b)

Figura 4.19 - Previsão pelo modelo PAFOG da visibilidade (a e b, acima) e da altura das nuvens stratus (a e b, abaixo) em 06/05/2010 com dados de entrada do CFSR (a) e dados de radiozond (b).

O ponto preto corresponde aos dados de observação da superfície do aeroporto. As linhas coloridas mostram as previsões com 22h (amarelo), 16h (azul), 10h (vermelho) e 4h (verde) de antecedência.

Fonte: Modelo PAFOG

CAPÍTULO 5

5. Tipos especiais de formação de baixa visibilidade

5.1 Influência do Vórtice Ciclónico Troposférico Médio, da ZCIT e da zona frontal num evento de baixa visibilidade em 12/05/2009

Um evento de nevoeiro foi observado em Maceió em 12/05/2009. O nevoeiro foi fraco, com uma visibilidade mínima de 800 m e duração de 1 hora, começando às 6 da manhã.

5.1.1 Análise sinóptica

A análise dos sistemas de escala sinóptica mostra uma influência da ZCIT e do Vórtice Ciclónico Troposférico Médio (MTCV) na formação do clima no NEB. A ITCZ pode ser vista desde África até ao centro do NEB pela confluência dos ventos alísios de ambos os hemisférios ao nível de 1000 hPa (Figura 5.Id). Além disso, uma depressão nos ventos alísios do Hemisfério Sul ou Wave Disturbance in the Trade Winds (WDTW) foi observada ao longo da costa do NEB.

O vórtice ciclónico com o centro a 37°W e 18°S, aproximadamente, foi observado apenas no nível de 800 hPa (Figura 5.1c). Este vórtice é um MTCV porque não foi observado nos níveis mais baixos e mais altos de 800 hPa (Figura 5.1a, b, d). Estes tipos de ciclones foram estudados pela primeira vez recentemente (Fedorova et al., 2006; Santos 2012) e não há informação suficiente sobre a sua relação com fenómenos meteorológicos. Uma intensa confluência de ventos de MTCV para noroeste (para as regiões centrais do NEB) foi observada no nível de 800 hPa. Esta confluência coincide com a divisão entre ondas frias e quentes no mapa de temperatura potencial equivalente e sua advecção (Figuras 5.2 c, d). Esta assimetria térmica foi observada no MTCV desde a superfície até 800 hPa (nível do MTCV) (Figura 5.2 a, b). Adicionalmente, uma imagem de infravermelhos mostra uma banda de nebulosidade nesta região (Figura 5.3a). O conjunto destas informações mostra a existência de uma zona frontal no NEB. As zonas frontais na região tropical apresentaram uma estrutura diferente (Fedorova et al., 2015b) e a sua associação com fenómenos meteorológicos ainda não foi estudada.

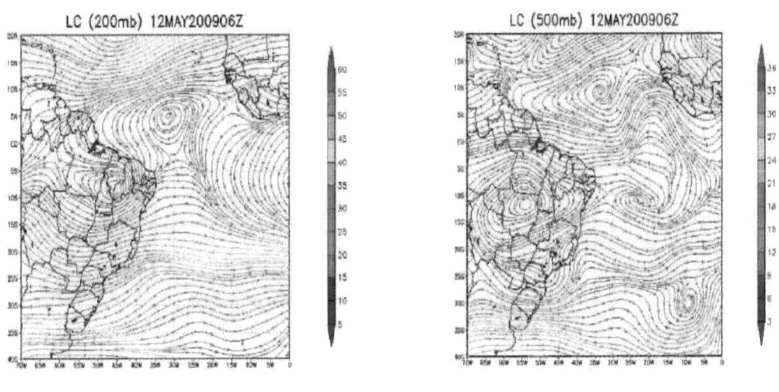

a) 200 hPa b) 500 hPa

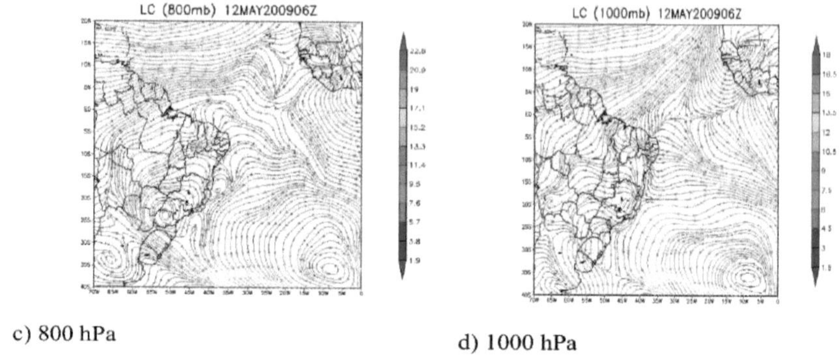

c) 800 hPa

d) 1000 hPa

Figura 5.1 - Linhas de corrente dos dados de Reanálise 2 em 200 (a), 500 (b), 800 hPa (c) e 1000 hPa (d) às 06UTC, 12/05/2009. **Fonte:** NCEP

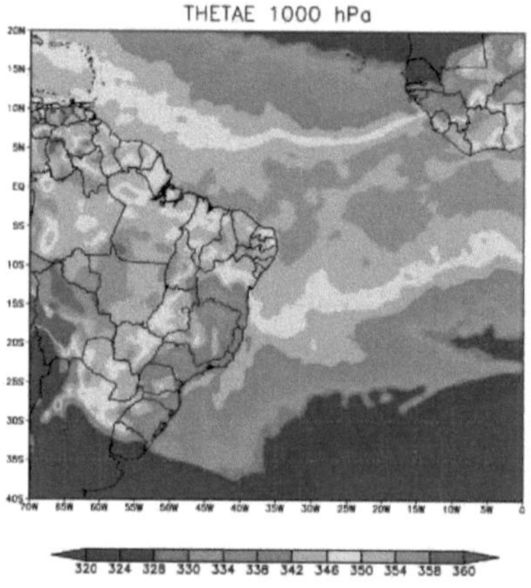

THETAE 1000 hPa

Advection of THETAE

a)

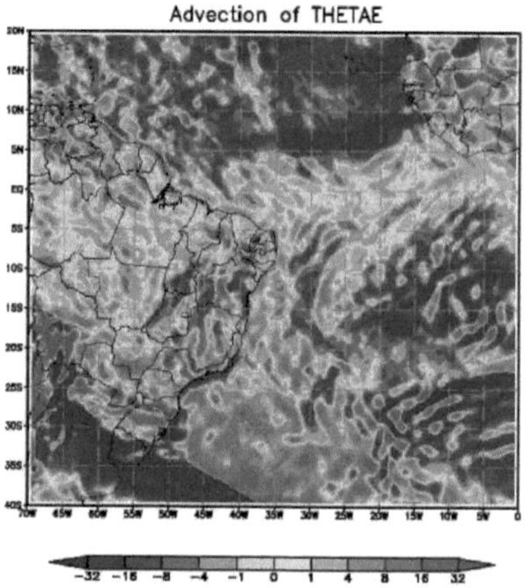

b)

THETAE 800 hPa

Advection of THETAE

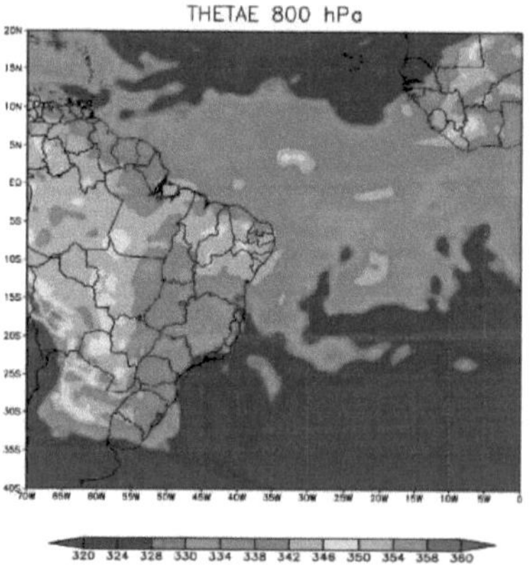

c)

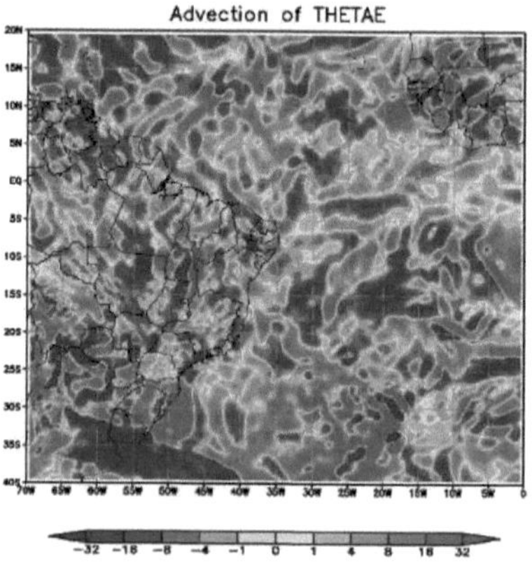

d)

Figura 5.2 - Mapas da temperatura potencial equivalente (K) (a, c) e da sua advecção (b, d) em 1000 hPa (a, b) e 800 hPa (c, d) pelo modelo CFSR às 06UTC, 12/05/2009.

Fonte: CFSR

Uma secção vertical do ómega mostra o levantamento na zona da ZCIT (cerca de 3°S) e um levantamento mais intenso na vanguarda da MTCV, ou na zona frontal (cerca de 10-13°S) (Figura 5.3b).

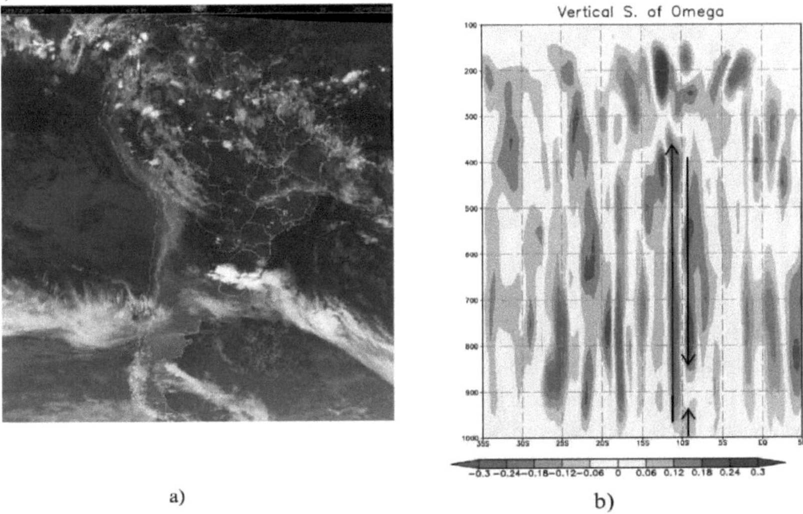

a) b)

Figura 5.3 - Imagem de satélite do GOES-10 no canal infravermelho em 06UTC 12/05/2009.

Fonte: NOAA, CFSR

5.1.2 Análise da estrutura vertical

Os perfis verticais da troposfera apresentam uma estrutura típica para os eventos de nevoeiro nas regiões tropicais, com uma camada úmida (T-Td< 3°C) nos baixos níveis até 900 hPa e uma camada seca acima dela (Figura 5.4). São carateristicamente instáveis, o que difere de um perfil típico que apresenta baixa instabilidade (Item 3.2). Os perfis para o evento em estudo mostram instabilidade moderada, com CAPE em torno de 1000 J/kg e LI -3. O desenvolvimento de convecção esteve associado à periferia frontal. Um evento com desenvolvimento de convecção próximo ao evento de nevoeiro foi descrito anteriormente em detalhes (Fedorova et al., 2013).

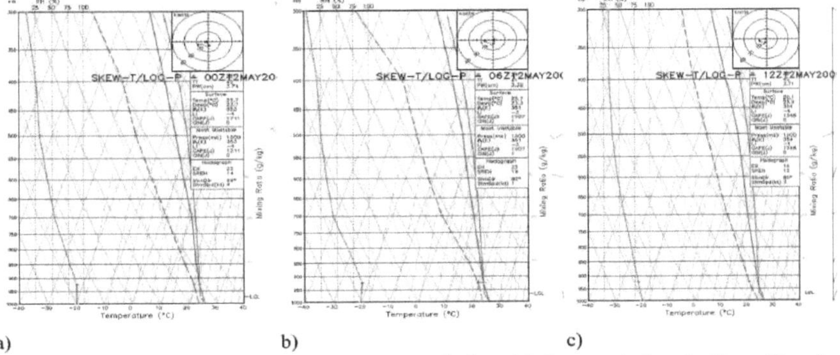

a) b) c)

Figura 5.4 - Perfis verticais da temperatura e da humidade por dados de Reanálise 2 em

12/05/2009, 00 (a), 06 (b) e 12 (c) UTC.
Fonte: NCEP

5.2 Influência da zona frontal do Hemisfério Sul e da depressão tropical do Hemisfério Norte nos eventos de baixa visibilidade em 11-13/06/2010

Foram registados dois eventos de baixa visibilidade em 11/06/2010 e 13/06/2010. O primeiro evento de nevoeiro moderado em 11/06/2010 (Tabela 2.1) teve uma visibilidade mínima de 190 m às 5 da manhã (por dados METAR). Teve início às 4 h 20 min da manhã, com uma visibilidade de 400 m (por informação SPEC!) e uma duração de 3 h 40 min. O segundo evento de nevoeiro fraco teve uma visibilidade de 800 m, com início às 4 h 25 min da manhã e duração de 0,58 h. Este evento esteve associado a chuva, com início às 2 UTC e fim às 21 UTC.

5.2.1 Análise sinóptica

A análise do nevoeiro mostra uma influência dos sistemas de escala sinóptica na formação de nevoeiro em ambos os hemisférios.

Um evento de nevoeiro em 11/06/2010 foi associado a Perturbações de Ondas nos Ventos Alísios (WDTW), descrito acima em 3.1. Este WDTW foi observado apenas nos níveis baixos e pode ser visto como uma calha no nível de 1000 hPa (Figura 5.5d). Uma corrente de ar do sudeste do Hemisfério Sul foi detectada no nível de 800 hPa (Figura 5.5c). Esta corrente de ar mudou na troposfera média e foi detectada no Hemisfério Norte a 500 hPa (Figura 5.5b). Uma depressão tropical foi localizada nesta altura no Hemisfério Norte a 6°N 30°W (Figura 5.5d). A circulação ciclónica localizava-se apenas à superfície (1000 hPa), com uma depressão a 800 hPa, o que significa que esta depressão tropical era baixa e que a corrente de ar difluente ocorria a partir do topo desta depressão a 500 hPa. Esta corrente de ar fluiu da região da depressão e atravessou o equador para a região do evento de nevoeiro (Figura 5.5b).

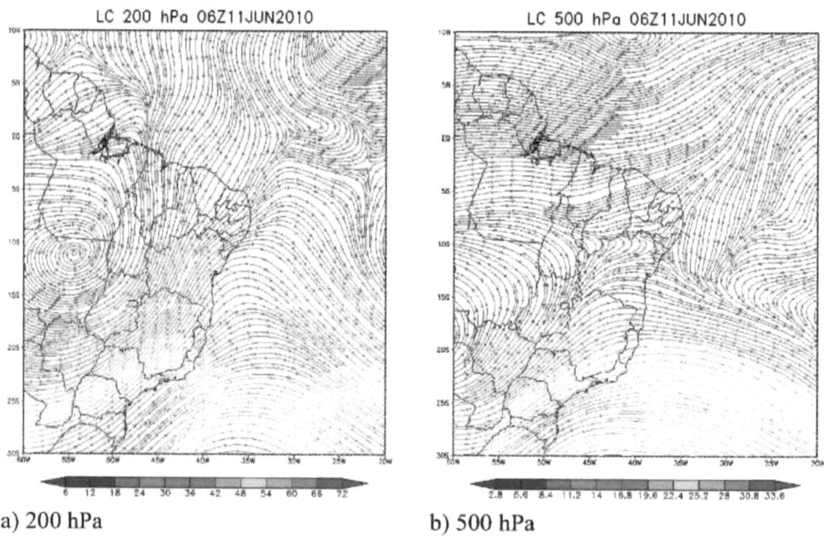

a) 200 hPa b) 500 hPa

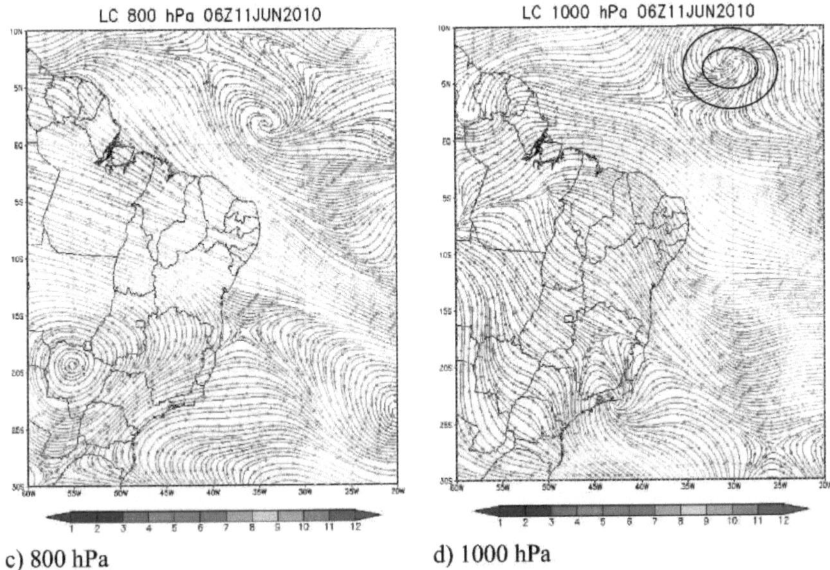

c) 800 hPa d) 1000 hPa

Figura 5.5 - Linhas de corrente em 200 (a), 500 (b), 800 hPa (c) e 1000 hPa (d) às 06UTC, 11/06/2010. O círculo mostra a depressão tropical.

Fonte: CFSR

Um ciclone baroclínico no Hemisfério Sul formou-se sobre o Oceano Atlântico perto do sul do Brasil em 11/06/2010 (Figura 5.8a). Posteriormente, foi deslocado para leste-nordeste (Figura 5.8b). E então, em 13/06/2010, estava localizado sobre o Atlântico com sua posição central em 27°W, 29°S (Figura 5.6d). A zona frontal deste ciclone estendeu-se em direção ao NEB no dia 13/06/2010. Os mapas de distribuição horizontal da temperatura potencial equivalente mostram a localização frontal próxima a Alagoas, com o maior gradiente na direção sul-sudoeste (Figura 5.7b). O mapa de linhas de corrente no nível de 1000 hPa (Figura 5.6d) apresenta uma intensa confluência ao longo da zona frontal, que termina próximo a 12°W, 25°S. A confluência nos baixos níveis continuou para noroeste a partir deste ponto e localizou-se entre a corrente meridional de ar frio na parte posterior deste ciclone e a corrente de ar de leste sobre o Atlântico. A região de confluência nos níveis médios atingiu o continente próximo ao Estado de Alagoas (região do evento de nevoeiro). A nebulosidade ao longo da confluência foi observada por imagens de satélite (Figura 5.8). A corrente de jato estava associada a essa zona frontal, que foi observada no nível de 200 hPa sobre as regiões sudeste do Brasil e o Oceano Atlântico entre 20 e 25°S, aproximadamente (Figura 5.6a). Essa corrente de jato era profunda e também podia ser vista em 500 hPa (Figura 5.6b). Ela cria uma condição para mudar a direção da corrente de ar do norte para o sudeste nos altos níveis.

Duas correntes de ar nos níveis baixos atingiram o equador. A corrente de leste atravessou o equador perto da superfície (Figura 5.6d) e o ar frio do sul passou sobre o equador a 800 hPa (Figura 5.6c). Estas duas correntes a baixo nível entram na circulação da depressão tropical do Hemisfério Norte. O centro desta depressão tropical estava localizado em 35°W,

7°N (Figura 5.6d). A elevação da massa de ar ocorre devido à confluência de ar no centro da depressão tropical. A corrente de ar do centro desta depressão atravessa o equador na direção sul e atinge o Estado de Alagoas nos altos níveis (200 hPa, Figura 5.6a). Esta corrente encontra a corrente de sul na depressão do Hemisfério Sul nesta região. Portanto, movimentos de afundamento foram observados na região do evento de nevoeiro. A circulação entre a depressão tropical do Hemisfério Norte e a extremidade frontal do Hemisfério Sul também é apresentada pela secção vertical da velocidade vertical (Figura 5.7a).

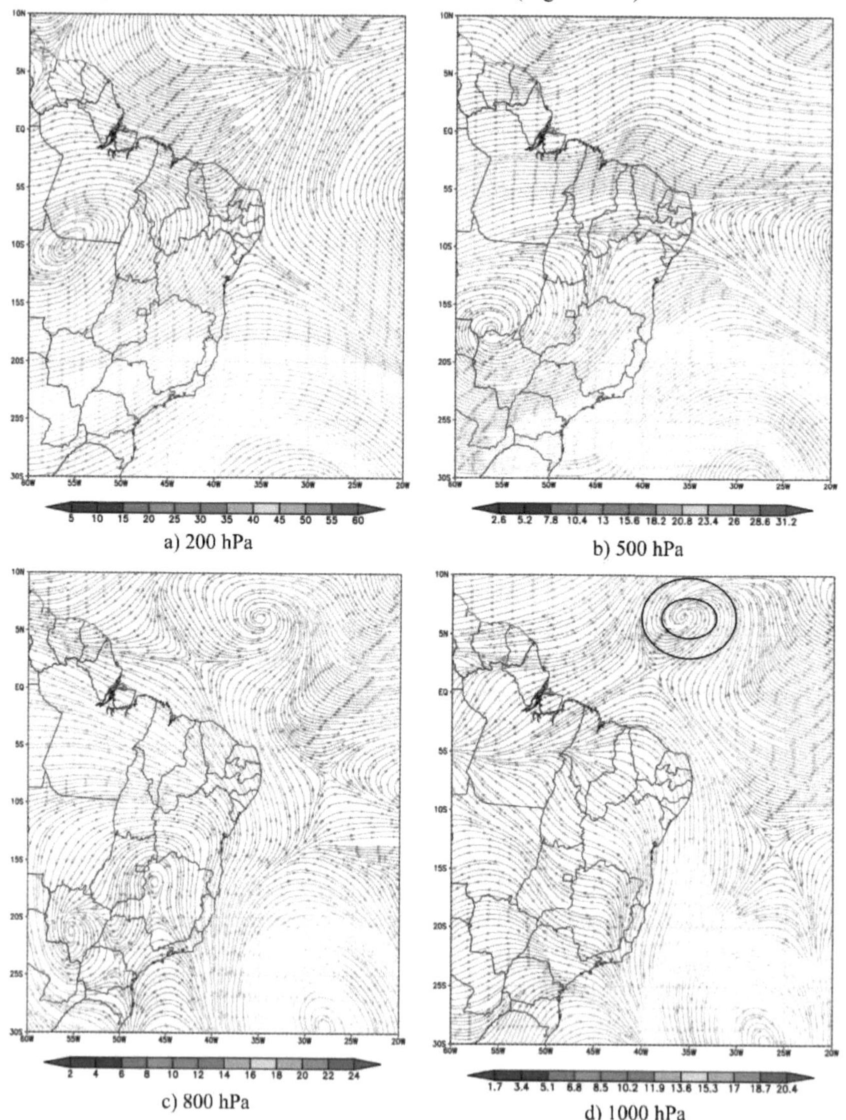

Figura 5.6 - Linhas de corrente em 200 (a), 500 (b), 800 hPa (c) e 1000 hPa (d) às 06UTC,

13/06/2010. O círculo indica a depressão tropical.
Fonte: CFSR

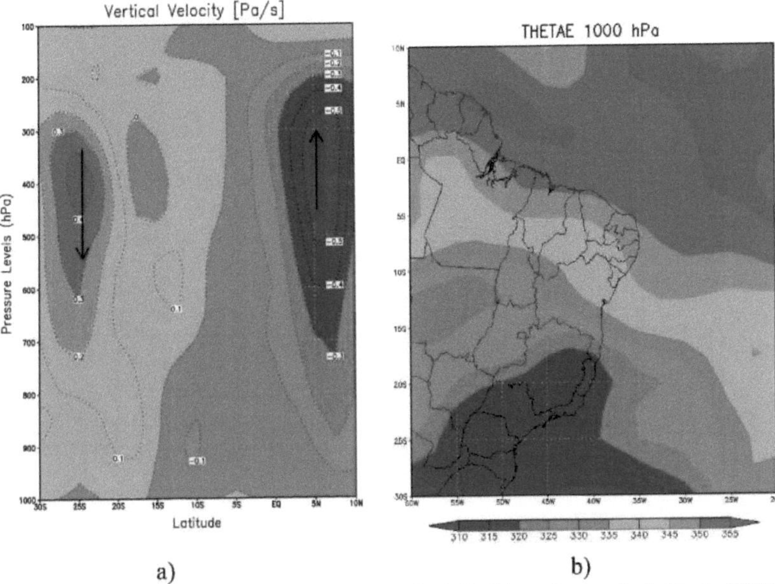

Figura 5.7 - Secção vertical da velocidade vertical (Pa/s) ao longo da latitude 37°W (a) e temperatura potencial equivalente (K) (b) a 1000 hPa em 13/06/2010
Fonte: CFSR

As diferenças entre a intensidade da depressão tropical no Hemisfério Norte em 11 e 13/06/2010 são apresentadas nas imagens de satélite infravermelho (Figura 5.8). Esta comparação mostra o desenvolvimento de nuvens de convecção e o aumento da área destas nuvens.

Resumindo os resultados escritos acima, é possível fazer a seguinte conclusão sobre a circulação associada aos dois eventos de nevoeiro descritos: A circulação entre a depressão tropical no Hemisfério Norte e os sistemas sinópticos no Hemisfério Sul foi observada em ambos os eventos de nevoeiro.

Esta circulação foi observada entre a WDTW e a depressão tropical no primeiro evento de nevoeiro. No segundo evento de nevoeiro foi detectada uma circulação entre a referida depressão no Hemisfério Norte e a extremidade da frente fria do ciclone baroclínico no Hemisfério Sul. Esta circulação, juntamente com a corrente de jato no Hemisfério Sul, criou movimentos de afundamento na região de estudo. Este afundamento levou à acumulação de humidade e a um aumento da camada saturada.

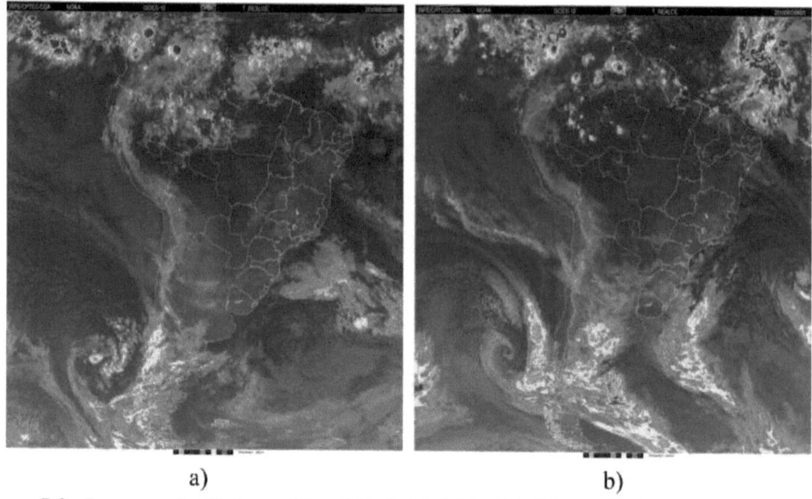

a) b)

Figura 5.8 - Imagens de IR do satélite GOES-12, 06:00 UTC de 11/06/2010 (a) e 13/06/2010 (b).

Fonte: NOAA

5.2.2 Análise da estrutura vertical

Os perfis verticais da troposfera mostram uma semelhança nos resultados obtidos pelos diferentes modelos - CFSR, ERA-interim e Reanálise 2 (Figura 5.9). Todos os perfis mostram que: 1) a distribuição vertical da temperatura é semelhante à temperatura de elevação, 2) uma camada húmida nos níveis baixos e altos e, 3) um nível médio muito seco. Mas uma análise mais detalhada apresenta diferenças na humidade em cada nível.

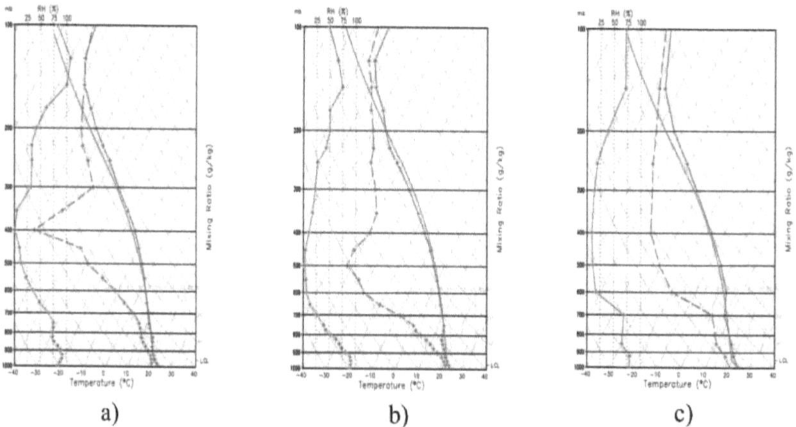

a) b) c)

Figura 5.9 - Perfil vertical pelos modelos CFSR (a), ERA-interim (b) e Reanálise 2 (c) às 06UTC, 11/06/2010

Fonte: CFSR, ERA-interim, NCEP.

5.2.3 Previsão de nevoeiro pelo modelo PAFOG

A visibilidade, prevista pelo modelo PAFOG usando dados de entrada do modelo CFSR para o Aeroporto Internacional de Maceió, foi calculada com 6 h, 12 h, 18 h e 24 h de antecedência. O nevoeiro foi previsto com 12 h de antecedência (Figura 5.10). A visibilidade mínima prevista foi de 174 m com duração de uma hora.

Os dados meteorológicos de superfície registaram uma visibilidade mínima de 190 m às 5 h da manhã (utilizando o SPECI, era de 400 m com uma duração de 3,67 h).

Isto significa que a visibilidade observada e a visibilidade prevista identificaram um evento de nevoeiro intenso (pelo SPECI, moderado) e um evento de nevoeiro moderado, respetivamente.

Foram observadas algumas diferenças na duração do nevoeiro e na hora de início do nevoeiro. Os dados observacionais registaram o início do nevoeiro às 03:30h, mas a previsão foi feita para as 06:30h.

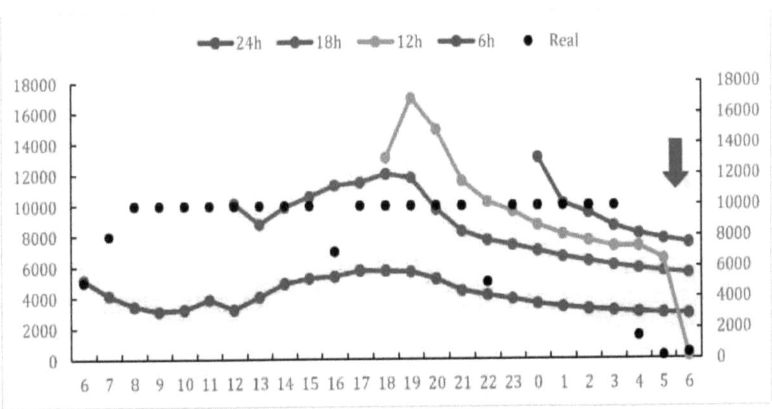

Figura 5.10 - Previsão de visibilidade pelo modelo PAFOG, utilizando dados de entrada do modelo CFSR com antecedências de 6 h, 12 h, 18 h e 24 h para o Aeroporto de Maceió, às 06UTC, do dia 11/06/2010.
Fonte: PAFOG

5.3 Influência do ciclone tropical Danny-15 no Hemisfério Norte nos eventos de baixa visibilidade nos dias 20 e 21/08/2015 no NEB

A observação meteorológica à superfície apresenta nevoeiro, neblina, chuvisco e nuvens stratus em diferentes pontos do NEB em 20 e 21 de agosto de 2015 (Figura 5.11). Foi observado um evento de nevoeiro numa estação com visibilidade mínima de 800 m. As nuvens stratus foram identificadas pelos dados de satélite (Figura 5.14) e confirmadas por informações observacionais (Figura 5.11).

Todos estes fenómenos foram observados durante duas noites entre 19/20 e 20/21 de agosto de 2015. A precipitação também foi observada na região nordeste do NEB (Figura 5.12) e os volumes máximos atingiram 36 e 24 mm/24 h no Estado de Alagoas nos dias 20 e 21 de agosto, respetivamente.

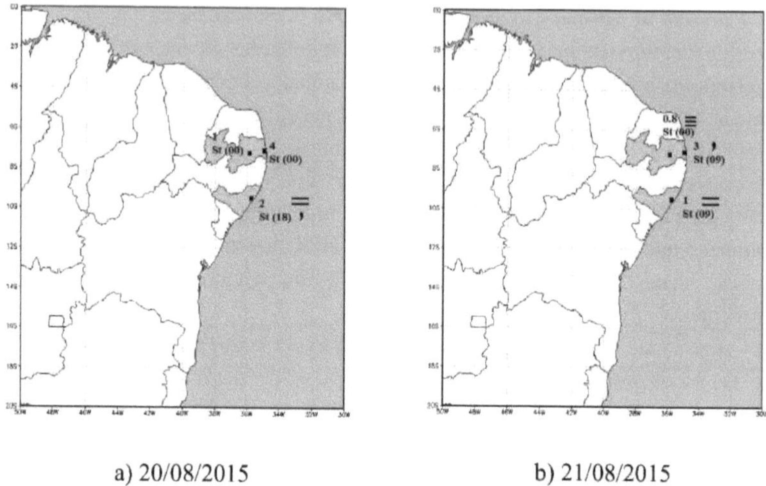

a) 20/08/2015 b) 21/08/2015

Figura 5.11 - Dados observacionais das estações meteorológicas no NEB com informações sobre nevoeiro (Ξ), chuvisco (,), neblina (=) e nuvens stratus (St) nos dias 20 (a) e 21 (b) de agosto de 2015. A hora da observação é apresentada entre parêntesis. Os números indicam a visibilidade mínima em *km*.
Fonte: SYNOP

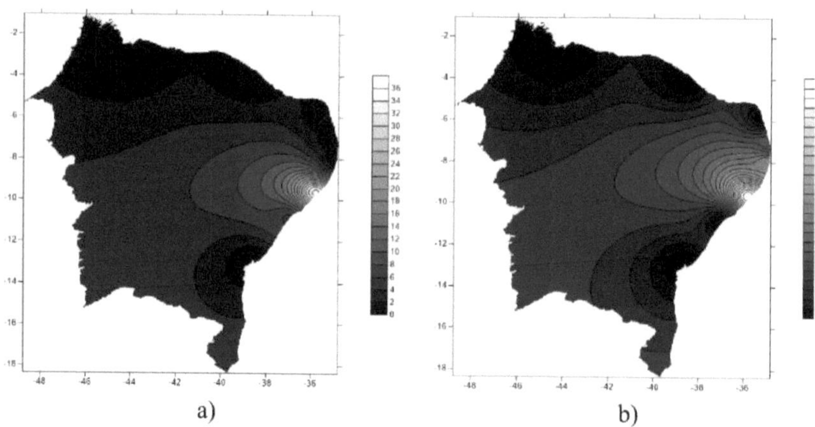

a) b)

Figura 5.12 - Precipitação no NEB nos dias 20 (a) e 21 (b) de agosto de 2015.
Fonte: SYNOP

5.3.1 Análise sinóptica

O ciclone tropical DANNY-15, de categoria 1 (120 km/h; velocidade máxima do vento de 185 km/h), deslocou-se ao longo de 17°N, aproximadamente, de 18 de agosto de 2015 15:00 UTC a 24 de agosto de 2015 09:00 UTC (Figura 5.13). O mesmo ciclone tropical pode ser visto nos mapas de vorticidade nos 1000 hPa pelos números positivos mais elevados (Figura 5.15 d e e) e nos 200 hPa pela circulação anticiclónica (Figura 5.15 a, b, c). Este ciclone está localizado na região com a alta temperatura potencial equivalente (300-305 K; Figura 5.16b).

Figura 5.13 - Trajetória do ciclone tropical DANNY-15
Fonte: http://dma.gdacs.org/map/?application=CYCLONES

Um ciclone baroclínico foi localizado no Oceano Atlântico com seu centro próximo a 40°W e 35°S (Figura 5.15 d, e, f). A frente fria desse ciclone atingiu a região continental próxima ao Estado de São Paulo.

Ela pode ser identificada através de imagens de satélite (Figura 5.14), por mapas de vorticidade (uma faixa de volumes negativos de vorticidade) e linhas de corrente (convergem nos baixos níveis, Figura 5.15 d, e, f), e também por mapas de temperatura potencial equivalente (entre ondas frias e quentes; Figura 5.16b). Uma corrente de jato foi observada sobre a região continental no Estado da Bahia e o Oceano Atlântico ao longo de 20°S, aproximadamente.

As linhas de corrente a 200 hPa mostram a corrente de ar deste ciclone tropical dirigida para o NEB (Figura 5.15 a, b, c). A corrente de jato cria uma condição para a mudança de direção de norte para sudeste sobre o NEB. Esta circulação cria um afundamento (Figura 5.17) e, por conseguinte, leva à acumulação de humidade na camada de baixos níveis.

Comparando a situação sinóptica da formação de nevoeiro descrita acima em 5.2 com a situação sinóptica associada à formação de baixa visibilidade descrita nesta secção, é possível observar uma semelhança entre as condições sinópticas.

O afundamento sobre o NEB foi o resultado da circulação entre um ciclone tropical no Hemisfério Norte e a corrente de jato no Hemisfério Sul. Apenas uma diferença foi registada entre estas situações. A extremidade da zona frontal sobre o NEB no Hemisfério Sul foi detectada apenas no evento de 13/06/2010.

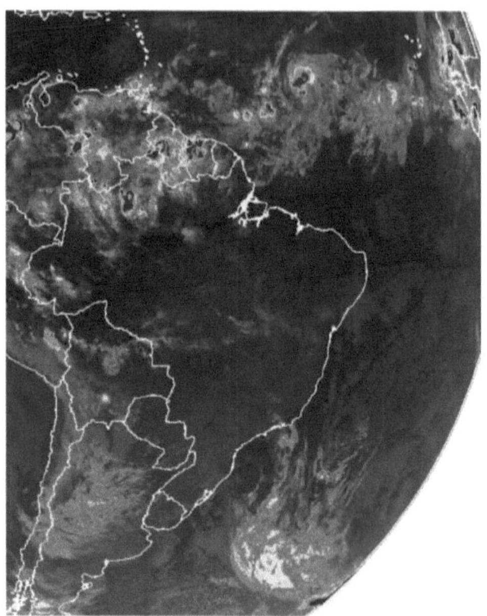

Figura 5.14 - Imagens do satélite GOES-13, em 20/08/2015, UTC 02:45.
Fonte: NOAA e INPE/CPTEC/DSA

Uma comparação da apresentação dos sistemas sinóticos, usando diferentes produtos dos modelos BRAMS, CFSR e Reanalysis II, mostra algumas diferenças (Figura 5.15). Os modelos BRAMS e CFSR apresentaram a localização do centro do ciclone tropical por meio de mapas de aerodinâmica e vorticidade, mas os dados da Reanálise mostram apenas a calha nesta região. Além disso, os mapas de vorticidade dos modelos BRAMS e CFSR apresentam uma posição de zona frontal no Sudeste do Brasil; os mapas de vorticidade usando dados da Reanálise não mostraram nenhuma zona frontal. Portanto, é possível concluir que os modelos BRAMS e CFSR apresentam uma melhor situação sinótica.

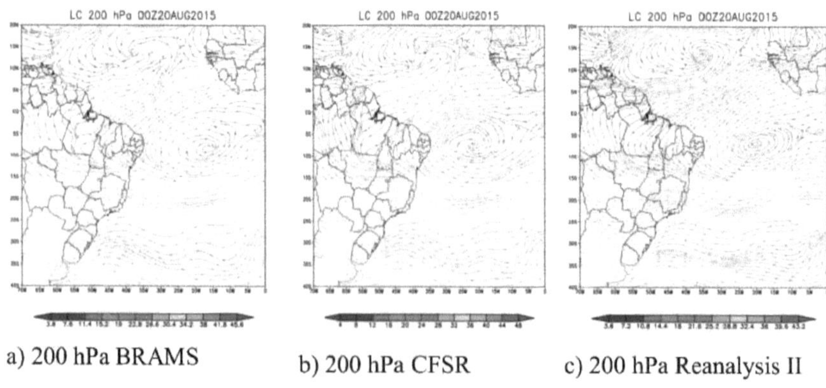

a) 200 hPa BRAMS b) 200 hPa CFSR c) 200 hPa Reanalysis II

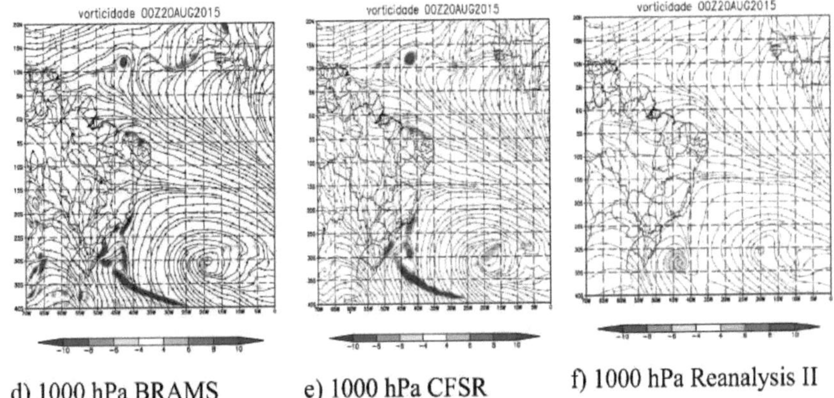

d) 1000 hPa BRAMS e) 1000 hPa CFSR f) 1000 hPa Reanalysis II

Figura 5.15 - Linhas de corrente em 1000 hPa (d, e e I) e 200 hPa (a, b e c) e vorticidade em 1000 hPa (d, e e f) no dia 20/08/2015, 00 UTC, utilizando os modelos BRAMS (a e d), CFSR (b e e) e Reanálise II (c e f).
Fonte: NCEP, BRAMS e CFSR.

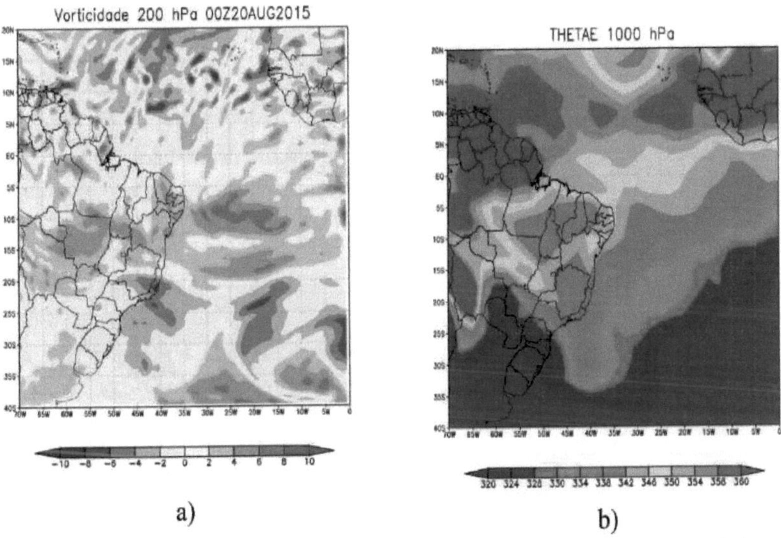

a) b)

Figura 5.16 - Vorticidade em 200 hPa (a) e temperatura potencial equivalente (K) em 1000 hPa às 00UTC de 20/08/2015, utilizando o modelo BRAMS.
Fonte: BRAMS

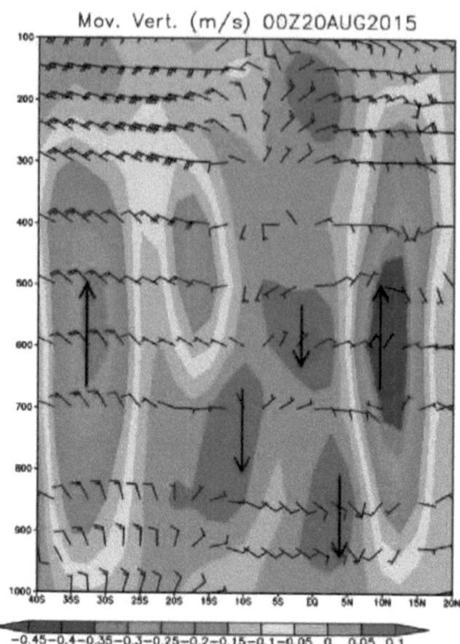

Figura 5.17 - Secção vertical da velocidade vertical (Pa/s) ao longo da latitude 37°W às 00UTC de 20/08/2015
Fonte: BRAMS

5.3.2 Análise da estrutura vertical

A análise da estrutura vertical mostra similaridade usando os modelos BRAMS, CFSR e NCEP DOE (Figura 5.18). Todos os modelos mostraram uma camada, com a humidade mais elevada até 850 hPa, aproximadamente.

No entanto, os valores de humidade foram diferentes: perto de 100-98% e 80-90%, pelos modelos CFSR, BRAMS e NCEP DOE, respetivamente. É importante notar que as camadas isotérmicas ou de inversão não foram identificadas perto da superfície por todos os modelos. No entanto, uma camada estável no topo de uma camada húmida foi observada pelos modelos BRAMS e NCEP DOE. Uma camada isotérmica foi identificada acima da camada húmida pelo modelo CFSR.

Os movimentos de afundamento sobre o NEB foram confirmados pela camada isotérmica (pelo modelo CFSR) ou pela camada estável (pelos modelos BRAMS e NCEP DOE) a 700 e 800 hPa, respetivamente, e pelo enfraquecimento da humidade nesta camada com o aumento da altura.

Resumindo os resultados, é possível concluir que a melhor apresentação do perfil com stratus, nevoeiro e baixa visibilidade foi obtida utilizando o modelo CFSR porque apresenta a humidade mais elevada abaixo do nível isotérmico.

A previsão de nevoeiro pelo modelo PAFOG neste caso não estava disponível devido ao facto de a altura da localização da estação meteorológica ser superior a 800 m.

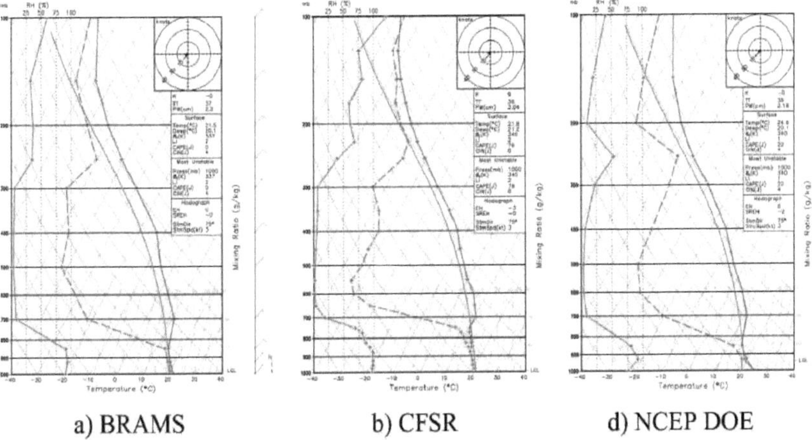

a) BRAMS b) CFSR d) NCEP DOE

Figura 5.18 - Perfis verticais de temperatura e humidade no dia 20/08/2015, 00UTC pelos modelos BRAMS (a), CFSR (b) e NCEP DOE (c).
Fonte: BRAMS, CFSR e NCEP

O acúmulo de umidade nos níveis baixos em torno de Maceió (9°S, 36°W) também é confirmado pelas Figuras 5.20 e 5.21. É importante mostrar que a umidade aumentou às 06 UTC durante os eventos de baixa visibilidade (Figuras 5.20b e 5.21b) em comparação com a umidade antes e depois desses eventos. Além disso, as mesmas figuras mostram as correntes de ar, que confirmam a interação entre o ciclone tropical do Hemisfério Norte e os sistemas sinóticos no NEB (Hemisfério Sul) no dia 20/08/2015. Além disso, o acúmulo de umidade nos baixos níveis no NEB, e a existência de interação entre os dois hemisférios, podem ser observados no dia seguinte, em 21/08/2015 (Figura 5.22).

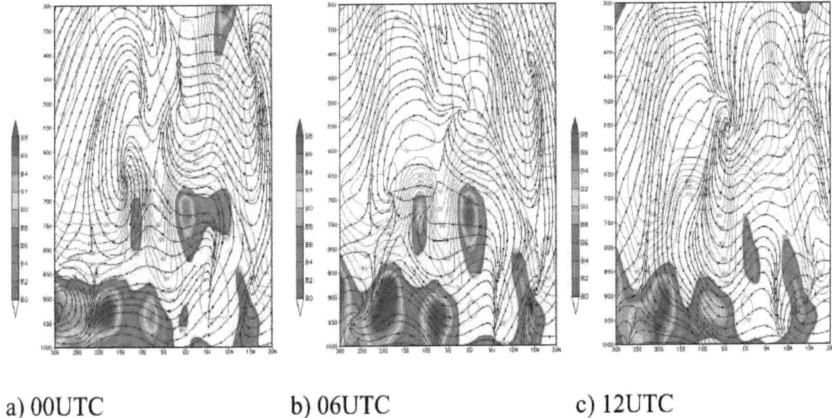

a) 00UTC b) 06UTC c) 12UTC

Figura 5.20 - Perfis verticais das linhas de corrente e humidade (%) pelo modelo CFSR ao longo de 36°W em 20/08/2015, 00UTC (a), 06UTC (b), 12UTC (c), **Fonte:** CFSR

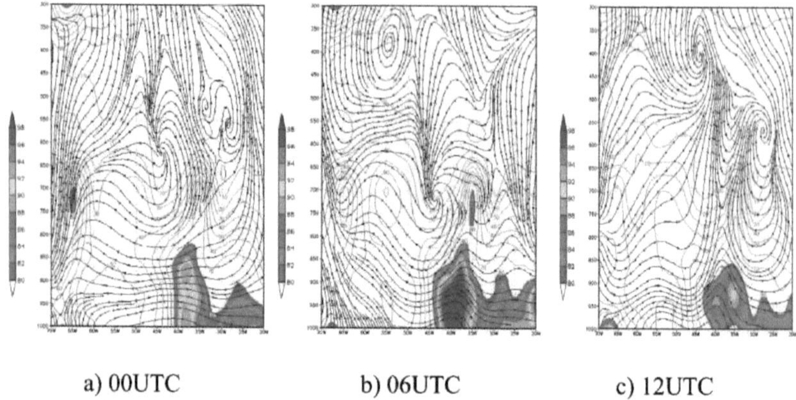

a) 00UTC b) 06UTC c) 12UTC

Figura 5.21 - Perfis verticais das linhas de corrente e humidade (%) pelo modelo CFSR ao longo de 9°S em 20/08/2015, OOUTC (a), 06UTC (b), 12UTC (c), **Fonte:** CFSR

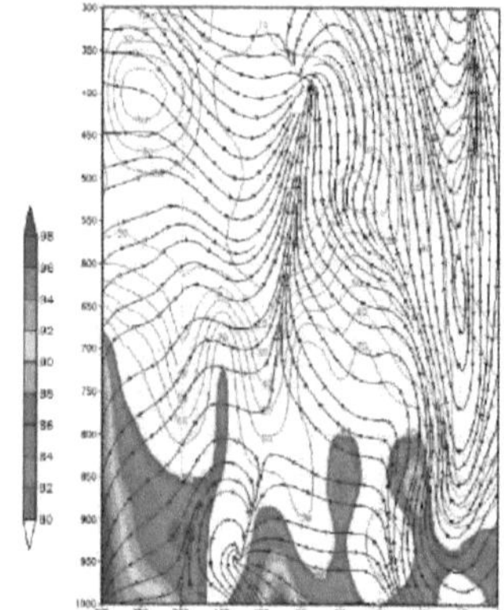

Figura 5.22 - Perfis verticais das linhas de corrente e humidade (%) pelo modelo CFSR ao longo de 9°S em 21/08/2015, 06UTC
Fonte: CFSR

CAPÍTULO 6

6. Conclusão

Este estudo resume os resultados de trabalhos anteriores, mostra os principais novos resultados e, portanto, pode ajudar na compreensão dos processos de formação de nevoeiro e no desenvolvimento de métodos de previsão na região tropical.

Este estudo pode ser utilizado como base para a identificação de informações climatológicas relativas à freqüência de eventos, estrutura vertical da atmosfera e sistemas de escala sinótica em eventos associados à formação de baixa visibilidade na região tropical.

O nevoeiro é um fenómeno muito raro na região central do NEB, registando apenas, em média, dois eventos por ano.

Os eventos de nevoeiro ocorreram predominantemente na estação das chuvas, de março a agosto, com a frequência máxima em junho e julho. O início do nevoeiro foi mais frequentemente observado entre as 4 e as 7 horas da manhã. A duração destes eventos de nevoeiro foi curta e não excedeu duas horas em 79% dos eventos, sendo o mais longo de 4 h 6 min. Todos os nevoeiros foram fracos ou moderados.

A estrutura da troposfera durante os dias de nevoeiro na região tropical apresenta as seguintes caraterísticas:

1) Uma *camada superficial húmida* até cerca de 990 hPa (pelos modelos NCEP/DOE II e ECMWF) em todos os eventos de nevoeiro;

2) *A variação da humidade máxima* nesta camada foi significativa (69 -100%, pelos mesmos modelos); o modelo ECMWF mostra um teor de humidade mais elevado (92%, em média) nesta camada;

3) Foram registadas *duas camadas de estabilidade diferente* (uma camada condicionalmente instável desde a superfície até 900 hPa e uma camada estável acima).

Os sistemas de escala sinóptica e a circulação de ar típica para os dias de nevoeiro são os seguintes

1) *Níveis baixos:* Wave Disturbances in the Trade Winds (WDTW), ou onda ciclónica nos ventos alísios;

2) *Níveis médios:* circulações anticiclónicas (Alta e Crista);

3) *Níveis elevados:* não foi encontrada nenhuma circulação predominante, mas foi observada uma circulação anticiclónica em 50% dos eventos;

4) *A Jet Stream no NEB,* devido à circulação ageostrophic em torno do JSNEB, cria movimentos verticais;

5) *O Vórtice Ciclónico Troposférico Médio* afecta os movimentos verticais abaixo do vórtice;

6) *As ITCZs* foram raras, mas criam circulação ciclónica nos níveis baixos;

7) *A circulação entre sistemas de escala sinóptica em ambos os hemisférios* (entre um ciclone tropical no Hemisfério Norte e uma zona frontal no Hemisfério Sul) produz afundamentos e, portanto, condições favoráveis à formação de baixa visibilidade.

As condições na região tropical durante muitos eventos de nevoeiro estavam localizadas longe das zonas frontais e, portanto, eram semelhantes às condições dentro de uma massa de ar na região extratropical. Estas condições tornam possível a utilização do modelo PAFOG. O uso do modelo PAFOG mostra resultados satisfatórios e a possibilidade de previsão de nevoeiro com 18 h de antecedência.

No entanto, os eventos de nevoeiro tropical não são como os típicos nevoeiros de radiação. Portanto, na opinião do autor, a previsão da duração do nevoeiro não foi satisfatória e é necessário continuar a estudar o modelo.

A falta de dados de radiossondagem na principal região de estudo (Estado de Alagoas), e a escassez de dados em toda a região NEB, cria dificuldades adicionais para o estudo da baixa visibilidade e para o uso do modelo PAFOG.

A utilização da reanálise CFSR como dado de entrada para o modelo PAFOG apresenta os melhores resultados na previsão de baixa visibilidade.

Na opinião do autor, a combinação de dados de modelos numéricos com dados observacionais locais especiais é o próximo caminho para o desenvolvimento de estudos futuros.

AGRADECIMENTOS

Um agradecimento especial ao Prof. Andreas Bott, Instituto Meteorológico, Universidade de Bona, Alemanha, por ter fornecido o modelo PAFOG.

REFERÊNCIAS

Araujo, G.P., Freitas, E.D., Goncalves, F.L.T., 2001. Análise climatológica e modelagem numérica para os eventos de nevoeiro na região metropolitana de São Paulo. 2ª Conferência Internacional sobre Nevoeiro e Coleta de Neblina. SBMET, São Paulo, pp. 417-120.

Bergot, T., Carrer D., Noilhan, J, Bougeault, P., 2005. Melhoria da previsão numérica de nevoeiro e nuvens baixas num local específico: Um estudo de viabilidade. Weather and Forecasting, 20, 627-646.

Bott, A., Trautmann, T., 2002. PAFOG - Um novo modelo eficiente de previsão de nevoeiro de radiação e nuvens estratiformes de baixo nível. Atmos. Res. 64, 191-203, 2002.

Bott, A., e Masbou, M. (2007), On the Problems of the Numerical Short Range Forecas of Fog and Low Clouds, Fouth International Conference on Fog Fog Collection and Dew, Chile, La Serena, 77-80.

Bott, A., Sievers, U., Zdunkowski, W. (1990), A radiation fog model with a detailed treatment of the interaction between radiative transfer and fog microphysics. J. Atmos. Sci. 47, 2153-2166.

Campos A.M.V. (2010). *Andlise da corrente de jato proximo do estado de Alagoas.* Dissertação de Mestrado. Dissertação de Mestrado. Universidade Federal de Alagoas, Brasil, 79pp.

Cereceda, P., Osses P., Larrain, H., Farias, M., Lagos, M., Pinto, R., Schemenauer, R. S. (2002), Advective, orographic and radiation fog in the Tarapaca region, Chile. *Atmospheric Research,* v. 64, Issues 1-4, setembro-outubro, 261-271.

Chaumerliac, N., Richard, E., Pinty, J.P. (1987), Sulfur scavenging in a mesoscale model with quasi-spectral microphysics: two-dimensional results for continental and maritime clouds. J. Geophys. Res. 92, 3114-3126.

Cotton, W.R., Anthes R.A. 1989 Storm and cloud dynamics. San Diego: Academic Press, 303-367.

Djuric, D. , 1994. Weather Analysis. New Jersey: Printice Hall, 304p.

Draxler, R. R., Rolph, G. D. (2003), Modelo HYSPLIT (HYbrid Single-Particle Lagrangian Integrated Trajectory). Sítio Web do NOAA ARL READY (http://www.arl.noaa.gov/readv/hysplit4.html). Laboratório de Recursos Aéreos da NOAA, Silver Spring, MD.

Draxler, R.R., Hess, G.D. (1997), Description of the HYSPLIT 4 modeling system. NOAA Tech. Memo. ERL ARL-224, Laboratório de Recursos Aéreos da NOAA, Silver Spring, MD, 24 pp.

FCM-H2-1988, Federal Meteorological Handbook No2, Surface, Synoptic Codes, (Washington, 1988).

Fedorova, N., 1999. Meteorologia Sinotica. Volume 1. Pelotas. Editora e Grafica Universitaria - Universidade Federal de Pelotas. 259p.

Fedorova, N., 2008a. Sinotica III: Frentes, Correntes de Jato, Ciclones e Anticiclones. Material didatico: sinopses, figuras, equates. Maceio, Alagoas: Editora e Grafica Universitaria - Universidade Federal de Alagoas. 192p.

Fedorova, N., 2008b. Sinotica IV: Sistemas e processos sinoticos atuantes na America do Sul. Material didatico: sinopses, figuras, equaqoes. Maceio, Alagoas: Editora e Grafica Universitaria - Universidade Federal de Alagoas. 192p.

Fedorova, N., Gemiacki, L., Carvalho, L. C., Levit, V., Rodrigues, L. R. L., Costa, S. B., 2006. Zona Frontal no Nordeste do Brasil. In: *Conferência Internacional de Meteorologia e Oceanografia do Hemisfério Sul (ICSHMO),* **8.** Foz do Iguaçu. Anais. São José dos Campos: INPE, 1765-1768. CD-ROM.

Fedorova, N., Levit, V., Fedorov, D., 2008. Formação de Nevoeiro e Stratus na Costa do Brasil. *Atmospheric Research,* 87, 2008, 268-278.

Fedorova, N., Levit, V., Silva A.O., Santos D.M.B., 2013. Formação e Previsão de Baixa Visibilidade no Litoral Norte do Brasil. *Geofísica Pura e Aplicada,* 170 (4), 689-709.

Fedorova, N., Levit, Souza J.L., Silva A.O., Afonso J.M.S., Teodoro L, 2015a. Eventos de nevoeiro no aeroporto de Maceió na costa norte do Brasil durante 2002-2005 e 2007. *Geofísica Pura e Aplicada.* (DOI) 10.1007/s00024-014-1027-0.

Fedorova N., Levit V., Cruz C.D. 2015b. Sobre a análise de zonas frontais na região tropical do Nordeste do Brasil. *Geofísica Pura e Aplicada.* DOI 10.1007/s00024-015-1166-y.

Ferreira Junior, R.A., Souza, J.L., Lyra, G.B., Teodoro, I., Santos, M. A., Porfirio, A.C.S., 2012. Crescimento e fotossintese de cana-de-agucar em fungao de variaveis biometricas e meteorologicas, *Revista Brasileira de Engenharia Agricola e Ambiental,* 16 (11), 1229-1236.

Fu, G., Zhang, S., Gao, S., Li., P., 2012. Compreensão do nevoeiro marítimo sobre os mares da China. Universidade do Oceano da China. China.

Gomes, H.B., Fedorova N., Levit V., 2011. Eventos raros de nuvens stratus na costa nordeste do Brasil. Revista Brasileira de Meteorologia, 26(1), 9-18.

Gultepe, L, Muller, M.D., Boybeyi, Z., 2006. Uma nova parametrização da visi- bilidade para aplicações de nevoeiro quente em modelos numéricos de previsão meteorológica. J. Appl. Met. Clim., 45, 1469-1480.

Gultepe L, Tardif R., Michaelides S. C., Cermak J., Bott A., Bendix J., Muller M.D., Pagowski M., Hansen B., Ellrod G., Jacobs W., Toth G., Cober S. G. 2007. Investigação sobre o nevoeiro: A review of past achievements and future perspectives. Geofísica Pura e Aplicada. 164, 1121-1159.

Gultepe I., Pearson G., Milbrandt J.A., Hansen B., Platnick S., Taylor P., Gordon M., Oakley J.P., Cober S. G. 2009. O projeto de campo de deteção remota e modelação do nevoeiro. AMS, BAMS, 342-359.

Jung G.H, 1983: Previsão de nevoeiro em oceano aberto: Utilização dos índices de nevoeiro de Leipper e Clark na estação oceânica Victor (34°N, 134°E) durante julho-agosto de 1968, 1970, 1971. Tech. Rep. N6685682WR82002, 78p (Naval Postgraduate School, Monterey, CA 93943)

Koracin D., Businger J.A., Dorman C.E., Lewis J.M. 2005 Formation, evolution and dissipation of coastal sea fog. *Boundary-Lay er Meteorology,* 2005, 117: 447478, DOI: 10.1007/sl0546-005-2772-5

Leipper D.F. 1994. Nevoeiro na Costa Oeste dos EUA: A Review. *Boletim da Sociedade Americana de Meteorologia.* **75-2:** 229-240.

Levit, V., Santos D.M.B., Fedorova, N., 2010. Formação de neblina no litoral norte do Brasil. *5ª Conferência Internacional sobre Nevoeiro, Coleção de Nevoeiro e Orvalho,* Munster, Alemanha, 11-14.

Lima, J.S., 1982. Previsao da ocorrencia de nevoeiro em Porto Alegre: metodo objetivo. Segundo Congresso Brasileiro de Meteorologia. SBMET, São Paulo, pp. 275-292.

Mellor, G.L., Yamada, T. (1982), Development of a turbulence closure model for geophysical fluid problems. Rev. Geophys. Space Phys. 20, 851-875.

Nickerson, E.C., Richard, E., Rosset, R., Smith, D.R. (1986), The numerical simulation of clouds, rain, and airflow over the Vosges and Black Forest mountains: a meso-h model with parameterized microphysics. Mon. Wea. Rev. 114, 398-414.

Petersen S., Weather Analysis and forecasting. Formação de nevoeiro (McGraw-Hill, Nova Iorque, 1940).

Petterssen, S., Weather Analysis and Forecasting, vol.l e 2. (McGraw-Hill, Nova Iorque, Toronto, Londres, 1956).

Pontes Da Silva, B.F., Fedorova, N., Levit, V. and Peresetsky, A. (2011) Sistemas sinoticos associados as precipitances intensas no Estado de Alagoas. (Sistemas sinóticos associados as precipitações intensas no Estado de Alagoas). *Revista Brasileira de Meteorologia,* **26,** 295-310.

Piva, E.D., Fedorova, N., 1999. Um Estudo sobre a formacao de nevoeiro de radiacao em Porto Alegre. Revista Brasileira de Meteorologia 14 (2), 47-62.

Ratisbona, L.R., 1976. O clima do Brasil. Capítulo 5. In: Schwerdtfeger, W. (Ed.), Climates of Central and South America. Elsevier Scientific Publishing Company, Oxford, pp.

219-269.

Relatorio Final A -N°42/CENIPA/2009, Centro de investigacao e prevencao de acidentes aeronauticos.http://www.cenipa.aer.mil.br/cenipa/paginas/relatorios/relatorios. php-

Repinaldo H.F.B. (2010). *Vórtice cíclico em altos niveis e corrente de jato do Nordeste brasileiro em anos de El Nino e La Nina.* Dissertação de Mestrado. Dissertação de Mestrado. Universidade Federal de Alagoas, Brasil, 107pp.

Rodrigues, L. R. L., Fedorova, N., Levit, V., 2010. Fenômenos meteorológicos adversos associados a calhas báricas de baixos níveis no Estado de Alagoas em 2003. Atmospheric Science Letters, doi: 10.1002/asl.273.

Satyamurty, P., C. A. Nobre, e P.L. Silva Dias, 1998: América do Sul. *Meteorologia do Hemisfério Sul.* D. J. Karoly, D. G. Vincent Ed., Amer. Meteor. Soc.,119-139.

Santos, D. M. B. (2012). *Vortices ciclonicos de medios niveis: uma andlise de frequencia e estrutura.* 92p. Mestrado. Universidade Federal de Alagoas, Brasil, 2012.

Siebert, J., Bott, A., Zdunkowski, W. (1992), Influência de um modelo vegetação-solo na simulação do nevoeiro de radiação. Beitr. Phys. Atmos. 65, 93-106.

Silveira, P.S., 2003. Análise dos casos de nevoeiro e nuvens Stratus no Aeroporto de Maceió. Dissertação de Mestrado. Dissertação, Universidade Federal de Alagoas, Maceió, Brasil.

Taljaard, J. J., 1972: Meteorologia Sinóptica do Hemisfério Sul. *Meteorologia do Hemisfério Sul.* W. Newton, Ed., Amer. Meteor. Soc.,139-213.

Tokinaga H., Tanimoto Y., Xie S.P., Sampe T., Tomita H., Ichikawa H. 2009 Ocean frontal effects on the vertical development of clouds over the western north pacific: in situ and satellite observations. *Journal of Climate,* 22: 42414260.

Uvo, C.R.B. and Nobre, C.A. (1989) A Zona de Convergencia Intertropical (ZCIT) e a precipitagao no norte do Nordeste do Brasil. Parte I: A Posigao da ZCIT no Atlantico Equatorial. *Climandlise,* **4,** 34-40.

Willett H.C. (1928), Fog and haze, their causes, distribution and forecasting. Mon. Wea. Rev., 56, 435-468.

Xavier, T.M.B.S., Xavier, A.F.S., Silva Dias, P.L. e Silva Dias, M.A.F. (2000) A zona de Convergência Intertropical - ZCIT e suas relações com a chuva no Ceará (1964-98). *Revista Brasileira de Meteorologia,* **15,** 27-43.

Zdunkowski, W.G., Panhans, W.G., Welch, R.M., Korb, G.J. (1982), A radiation scheme for circulation and climate models. Beitr. Phys. Atmos. 55, 215- 238.

Zhou, B. e Du J., 2010. Previsão de nevoeiro a partir de um sistema de previsão de conjunto de mesoescala multimodelo. Weather and Forecasting, 25, 303-322.

Zhou, B., Du, J., Dimego, G., 2011. Previsão de baixa visibilidade e nevoeiro do NCEP: estado atual e esforços, Pure Appl. Geophys, doi:10.1007/s00024-011- 0327-x.

Zhou, J. and Lau, K.M. (2001) Principal Modes of Interannual and Decadal Variability of Summer Rainfall over South America, *International Journal of Climatology,* **21,** 1623-1644. http://dx.doi.org/10.1002/joc.700 .

Abreviaturas

CFSR - Climate Forecast System Reanalysis
CPTEC – Center for Weather Forecasting and Climate Research
ECMWF - European Centre for Medium-Range Weather Forecasts
EW - Easterly Waves
FZ - Frontal Zones
FRAM - Fog Remote Sensing and Modeling project
H - Haze without rain
HR - Haze associated with Rain
INPE - National Institute for Space Research
ITCZ - Intertropical Convergence Zone
JSNEB - Jet Stream in the NEB
LF - Light Fog
MM5 - Mesoscale Meteorological model
METAR, SPECI - METeorological Aerodrome Report
MTCV - Middle Tropospheric Cyclonic Vortex
NEB - Northeast of Brazil
NCEP - National Center for Environmental Prediction
NOAA - National Oceanic and Atmospheric Administration
NMM - Nonhydrostatic Mesoscale Model
PAFOG - PArameterised FOG model
RAMS - Regional Atmospheric Modeling System
UTCV - Upper Tropospheric Cyclonic Vortex
WDTW - Wave Disturbances in the Trade Winds
WRF - Weather Research and Forecasting model

Printed by Books on Demand GmbH, Norderstedt / Germany